2학년에는

스토리텔링
창의영재수학

즐깨감

논리수학 퍼즐

2학년에는 즐깨감 논리수학퍼즐

1판 1쇄 발행 2020년 10월 1일
1판 2쇄 발행 2022년 10월 20일

서지원 임성숙 글 | 김현민 그림 | 와이즈만 영재교육연구소 감수
발행처 | 와이즈만BOOKs
발행인 | 염만숙
출판사업본부장 | 김현정
편집 | 오미현 원선희
표지디자인 | (주)창의와탐구 디자인팀
본문디자인 | 금동이책
마케팅 | 강윤현 백미영

출판등록 | 1998년 7월 23일 제1998-000170
주소 | 서울특별시 서초구 남부순환로 2219 나노빌딩 5층
전화 | 마케팅 02-2033-8987 편집 02-2033-8983
팩스 | 02-3474-1411
전자우편 | books@askwhy.co.kr
홈페이지 | mindalive.co.kr

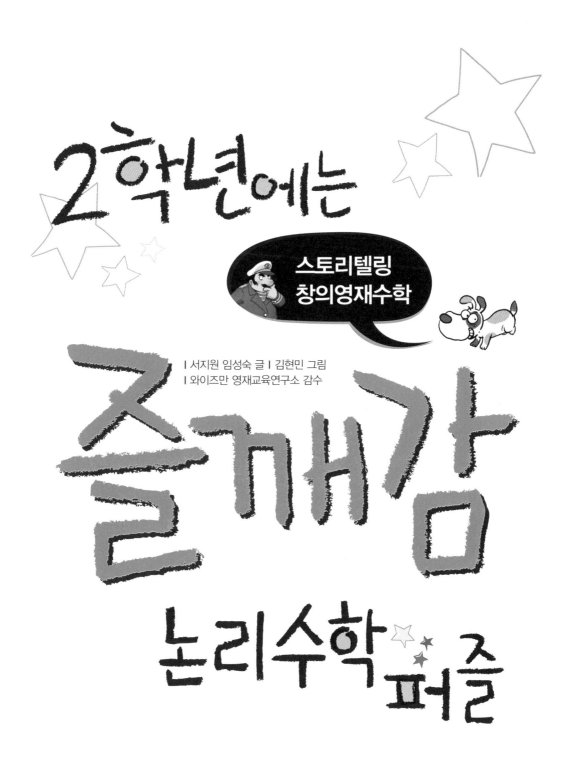

2학년에는

스토리텔링
창의영재수학

I 서지원 임성숙 글 I 김현민 그림
I 와이즈만 영재교육연구소 감수

즐깨감

논리수학 퍼즐

와이즈만 BOOKs

아이들의 논리수학지능을 높여 주는 책

논리수학지능(Logical-Mathmatical Intelligence)은 사람이 살아가면서 부딪히는 모든 문제들을 합리적으로 해결하게 해 주는 고마운 지능입니다. 교육심리학자인 하워드 가드너가 '다중지능이론'에서 제시한 인간의 지적 능력 중 하나이지요.

논리수학지능이 뛰어난 아이는 호기심이 많아 끊임없이 질문합니다. 숫자에 민감하고, 집중력이 높은 것도 큰 특징입니다. 문제가 있으면 주먹구구식이 아니라 체계적이고 과학적인 방법으로 마침내 해결책을 찾아냅니다.

논리수학지능은 공부를 잘하기 위해서도 꼭 필요한 지능이고, 장래의 직업이나 전공 선택에 관계없이 꼭 계발해야 하는 지능입니다. 선천적인 특징이 강한 다른 지능들과 달리 논리수학지능은 훈련과 교육을 통해서도 잘 발달시킬 수 있습니다.

《즐깨감 논리수학퍼즐》은 논리수학지능 계발에 가장 효과적인 수학퍼즐을 활용합니다. 전략과 논리를 사용하여 게임처럼 몰입할 수 있는 수학퍼즐은 와이즈만 영재교육의 창의사고력 수학 프로그램에서도 매우 중요한 비중을 차지하고 있습니다.

재미있는 스토리와 다양한 수학퍼즐이 어우러진 《즐깨감 논리수학퍼즐》을 통해 아이들은 상황에 몰입하여 문제를 해결하고 다음 단계로 넘어가는 레벨-업의 경험을 하게 될 것입니다. 이 책을 계기로 아이들이 스스로의 수학적 능력을 발견하고 그 재능을 크게 키워 나가기를 바랍니다.

와이즈만 영재교육연구소 소장 이 미 경

구성과 특징

아이들의 논리수학지능을 높일 수 있는 10가지의 퍼즐 문제들로 구성하였습니다. 아이들이 재미있는 퍼즐을 풀고 수학적 대상에 몰두하면서 자신의 재능을 발전시킬 수 있도록 해 주세요!

이야기 속에 퍼즐의 원리가 숨어 있습니다. 재미있는 이야기를 읽으면서 논리 퍼즐이 일상생활과 밀접한 관련이 있다는 걸 알 수 있습니다.

간단한 규칙이나 보기를 통해 원리를 이해하고 흥미를 가질 수 있는 도입 단계의 퍼즐들로 구성하였습니다.

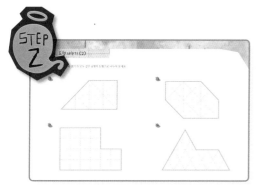

문제에 대한 이해를 기반으로 좀 더 집중하면서 사고의 폭이 커지는 단계의 퍼즐들로 구성하였습니다.

사고의 폭이 가장 확장되는 단계로 창의적 문제 해결력을 끌어낼 수 있는 퍼즐들로 구성하였습니다.

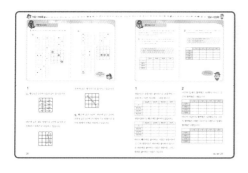

답지 구성과 특징

정답을 한눈에 알아볼 수 있도록 본문과 같은 이미지 위에 파란색으로 답을 표시하였고, 본문 바로 아래에는 [풀이] [다른 풀이] [생각 열기] [틀리기 쉬워요] [참고]를 따로 구성하여 문제에 대한 이해를 도왔습니다.

시리즈 소개

〈즐깨감〉은 스스로 생각하는 힘을 길러 줍니다.

와이즈만 영재교육의 창의사고력 수학 시리즈

1. 일반 수학 문제들이 유형화되어 있는 것과는 달리, 학생들에게 익숙하지 않은 새로운 문제들이 나옵니다. 또한 생활 속 주제들을 수학의 소재로 삼아 수학을 친근하게 느끼도록 하여 주변에서 수학 원리를 탐구하고 관찰할 수 있습니다.

2. 반복 연습이 아닌, 사고의 계발을 중시합니다. 새 교과서가 추구하고 있는 수학적 사고력, 수학적 추론 능력, 창의적 문제해결력, 의사소통 능력을 강화하고 있습니다.

3. 수학교과서에서 많이 다루어지는 소재가 아닌, 스토리텔링, 퍼즐식 문제 해결 같은 흥미로운 소재를 사용합니다. 재미있는 활동이 수학적 호기심과 흥미를 자극하여 수학적 사고력의 틀을 형성시켜 줍니다.

4. 난이도별 문제 해결보다는 사고의 흐름에 따른 확장 과정을 중시합니다.

6세에는 즐깨감 수학

7세에는 즐깨감 수학

즐깨감 입학 준비 7세 수학

1학년에는 즐깨감 수학

2학년에는 즐깨감 수학

3학년에는 즐깨감 수학

4학년에는 즐깨감 수학

5학년에는 즐깨감 수학

6학년에는 즐깨감 수학

차례

등장인물 소개

코어

날카로운 관찰력과 추리력을 가진 탐정으로 범인에 맞선다. 승부욕이 강해서 한번 범인을 찾기 시작하면 반드시 잡아낸다.

경찰 경감

만년 경찰 경감으로 혼자서는 사건 해결이 어렵다. 그래서 어려운 사건이 터질 때마다 코어에게 도움을 청한다.

농부들

척박한 땅을 일구고 사는 부지런한 사람들로, 땅을 똑같이 나눠야 하는 상황에 처하자 코어에게 도움을 청한다.

마을 이장

코어가 범인을 쫓다가 들르게 된 마을의 이장.
작은 편이다. 뭔가 숨기는 게 있는 듯 속 시원하게 얘기하지 않고
코어를 답답하게 만든다.

밀수꾼들

엄청난 보물을 요트에 숨겨 빼돌리려는
자들로, 자신들을 여행객이라고 속인다.
코어 때문에 모든 것이 들통나서 경찰에
붙잡히고 만다.

범인

코어와 두뇌 게임을 벌이는 범인. 코어의 능력을 시험
하려는 듯 일부러 단서를 흘리기도 하고, 함정을 파기
도 한다. 코어가 쫓아올 때마다 교묘하게 도망치는 신출
귀몰한 능력의 소유자다.

1 디피 퍼즐

콰앙!

한밤중에 마을이 발칵 뒤집어지는 사건이 벌어졌다. 폭발 사건이 일어난 것이다. 폭탄은 공원 한가운데 있는 공중전화 부스 속에 설치되어 있었다.

며칠이 지난 어느 날, 명탐정 코어에게 낯선 전화가 걸려왔다.

"안녕하신가? 명탐정 코어!"

"누구냐?"

코어가 묻자 음침한 목소리가 들렸다.

"그것보단 지금 마을 회관으로 달려가는 게 좋을걸."

"마을 회관?"

"그래, 그 앞에 4개의 가방이 있을 거야. 각 가방에는 1번부터 4번까지 번호가 쓰여 있지. 시간 안에 각 가방에 쓰인 수의 차가 서로 다르도록 놓아야 해. 그러지 않으면 뻥! 가방 속에 든 폭발물이 터지게 될 거야."

목소리의 주인공이 낮고 음침하게 웃었다.

"서둘러. 지금 당장 가지 않으면 후회하게 될 테니까."

음침한 목소리의 주인공은 가방에 강력한 폭탄이 들어 있다고 했다.

코어는 부랴부랴 마을 회관을 향해 뛰기 시작했다.

회관 앞으로 다가간 코어는 주위를 두리번거렸다. 주변은 소란스러웠다.

소식을 들은 사람들이 웅성웅성하며 모여 있었기 때문이다.

"침착하게 생각해 보자. 1에서 4까지 있으니까 수의 차를 계산해보면 1부터 3까지가 될 수 있을 거야. 그렇다면 수의 차가 3인 경우는 1번과 4번이 서로 붙어 있어야 한다는 소리겠지? 그래, 알겠다. 1번과 4번 가방은 항상 옆에 붙어 있어야 해. 붙어 있는 자리는 항상 가운데 자리를 포함시켜야 하니까 일단 가운데에 두 수를 놓아 보자!"

코어는 회관 앞에 놓인 가방 4개를 물끄러미 바라보았다.

코어는 우선 1번과 4번 가방을 가운데 놓고 2번과 3번 가방을 양 끝으로 보내 보았다.

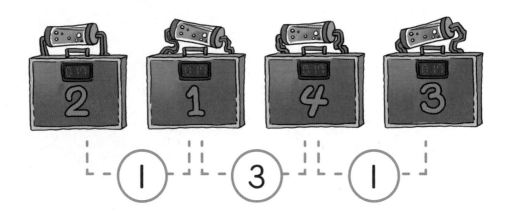

그랬더니 가방에 쓰인 수의 차가 1, 3, 1이 나왔다.

"이러면 조건에 맞지 않아. 차가 서로 다른 1, 2, 3이 나와야 해."

코어는 식은땀을 훔치며 생각했다.

"1번과 4번을 같이 끝으로 보내 보자!"

순간 삑 소리와 함께 타이머가 멈추었다. 코어는 가슴을 쓸어내렸다.

"성공했군. 자네가 사람들을 살렸어!"

경찰 경감의 목소리가 들려왔다.

"범인은 찾았나요?"

"아니, 아쉽지만 이미 탈출한 듯하네."

그때였다. 코어의 전화기가 울렸다.

"누구냐? 범인이지?"

"그래, 이번엔 운이 좋았군. 하지만 다음 번엔 쉽지 않을 거야."

"뭐?"

코어가 소리쳤지만 뚜뚜뚜 하는 소리만 들려왔다.

수들의 차 (1)

범인을 또다시 어떤 문제로 코어를 시험 할지 모릅니다. 코어는 범인의 가방과 비슷한 문제들을 연습해 보았어요.

1 1부터 4까지의 수를 써넣어 옆에 있는 수들의 차가 서로 다르게 하려고 합니다. 물음에 답해 보세요.

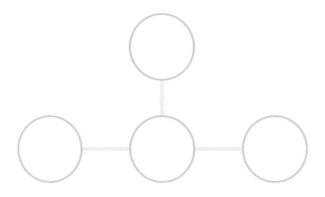

1. ☐ 안에 알맞은 수를 써넣으세요.

   ## 1부터 4까지의 수 중 두 수의 차로 나올 수 있는 수는 ☐, ☐, ☐ 입니다.

2. 퍼즐을 완성해 보세요.

2 1부터 5까지의 수를 써넣어 옆에 있는 수들의 차가 서로 다르게 하려고
합니다. 물음에 답해 보세요.

1. ☐ 안에 알맞은 수를 써넣으세요.

   1부터 5까지의 수 중 두 수의 차로 나올 수
   있는 수는 ☐ , ☐ , ☐ , ☐ 입니다.

2. 수의 차가 4가 되려면 어떤 두 수를 항상 옆에 써야 할까요?

   (,   )

3. 퍼즐을 완성해 보세요.

어때? 이 문제들은
쉽게 풀리지?

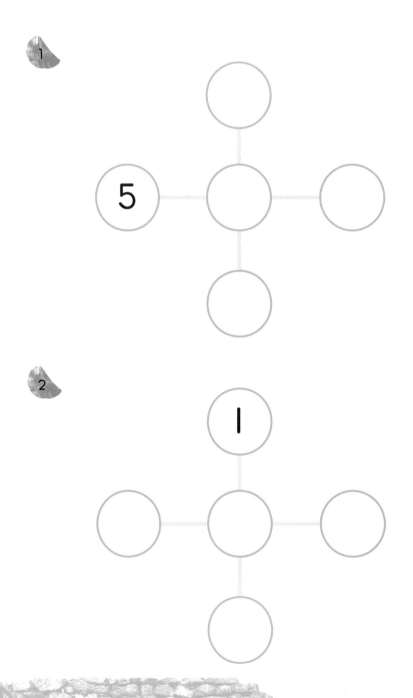

STEP 2

수들의 차 (2)

1 1부터 5까지의 수를 써넣어 옆에 있는 수들의 차가 서로 다르게 하려고 합니다. 빈칸에 알맞은 수를 써넣어 보세요.

1

5

2

|

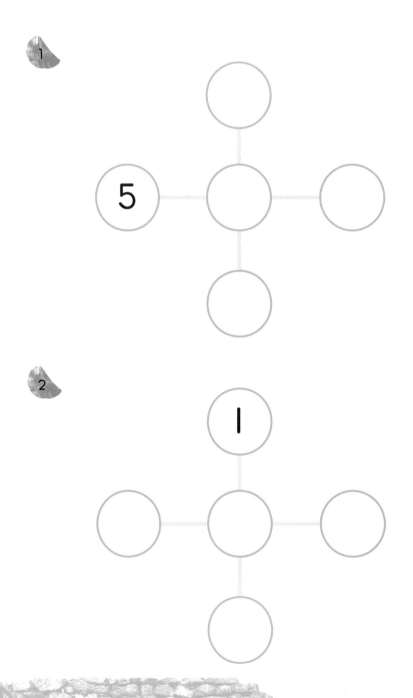

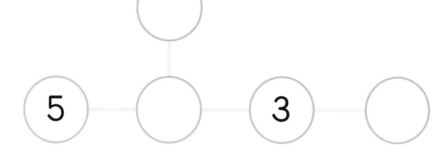

(5)━━( )━━(3)━━( )

4

(4)━━( )━━(5)━━(I)

수들의 차 (2)

2 1부터 6까지의 수를 써넣어 옆에 있는 수들의 차가 서로 다르게 하려고
합니다. 빈칸에 알맞은 수를 써넣어 보세요.

6 　 　 2 4 　

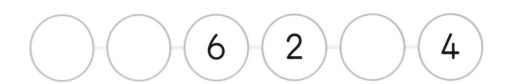

　 　 6 2 　 4

3

(6)

( )　(1)　(5)　( )　( )

4

(5)

( )　(1)　( )　( )　( )

이번에는 1부터
6까지구나!

21

STEP 3

수들의 차 (3)

1 1부터 6까지의 수를 써넣어 옆에 있는 수들의 차가 서로 다르게 하려고 합니다. 빈칸에 알맞은 수를 써넣어 보세요.

①

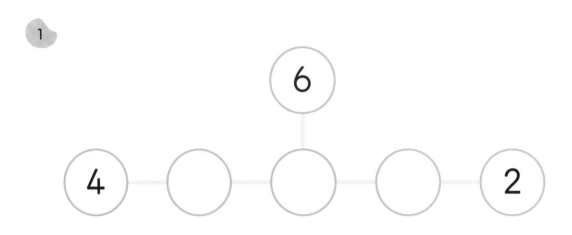

②

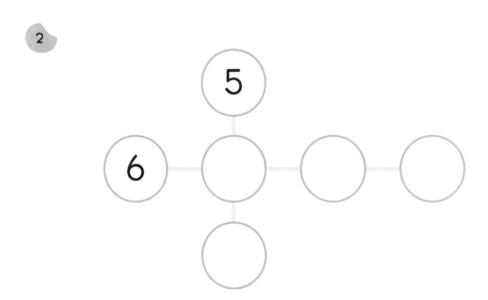

3

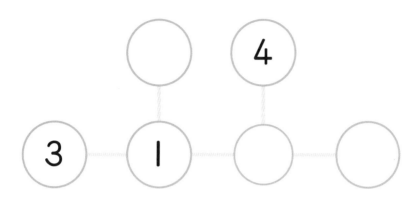

4

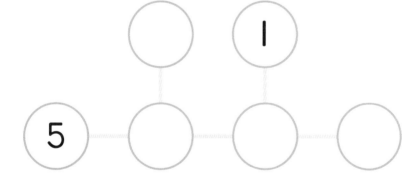

2 땅 나누기

"휴, 범인의 흔적이 더 이상 보이지 않는군."

탐정 코어가 마을 회관 근처의 숲을 살피고 있을 때였다. 어디선가 날카로운 목소리가 울려 왔다. 소리가 난 쪽은 숲 어귀에 자리한 논밭이었다. 그곳에는 모두 네 사람의 농부가 서 있었는데 뭔가 문제가 생긴 것 같았다. 코어는 무슨 일이냐고 물었다.

"우린 처음에 함께 땅을 사서 농사를 지었다오. 하지만 앞으로는 땅을 각자 나누어서 농사를 지으려고 해요. 그런데 다툼이 없도록 크기랑 모양이 똑같게 넷으로 나누는 방법이 없을까 싶어서 말이오."

코어는 땅 모양을 물끄러미 바라보았다. 땅은 사다리꼴 모양으로 되어 있었다.

"저는 범인을 추적하고 있는 탐정 코어입니다. 혹시 어젯밤 마을 회관에서 수상한 사람을 본 분이 계시나요?"

"아, 내가 그런 사람을 잠깐 봤지. 내 두 눈으로 똑똑히 봤어."

흰 눈썹이 멋지게 자란 농부가 범인인 것 같은 사람을 봤다고 말했다. 코어는 냉큼 단서를 말해 달라고 부탁했다.

"당신이 탐정이라면 우리의 골칫거리를 먼저 해결해 주시오. 그런 다음 말해 주겠소."

코어는 범인에 대한 단서를 얻기 위해 어쩔 수 없이 그들의 부탁을 들어주기로 했다.

"흠, 어떻게 나누면 좋을까?"

코어는 먼저 땅 한가운데에 십자를 그어 땅을 나누어 보았다. 얼핏 보기엔 땅이 비슷하게 나눠진 것 같았지만 자세히 살펴보니 위쪽의 크기가 아래쪽보다 더 작았다.

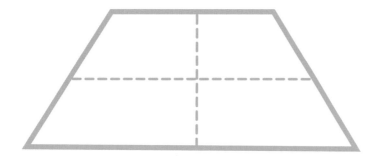

코어는 땅을 3등분해 보았다. 그러자 농부 네 사람 가운데 한 사람이 서운한 눈으로 코어를 바라보았다.

"이건 3등분이어서 안 되겠네."

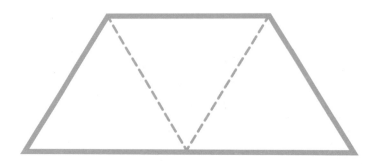

코어는 땅을 12개의 삼각형으로 나누어 보았다. 그러자 똑같은 크기의 작은 삼각형 12개가 나왔다.

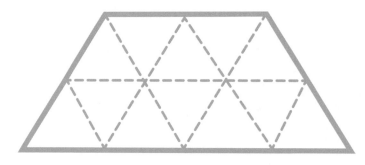

"자, 이렇게 하면 똑같은 크기 12조각이 되니까 이것을 12 나누기 4를 해서 한 사람이 3조각씩 땅을 나누어 가지면 되겠지요?"

코어가 삼각형 모양의 땅을 3칸씩 나누어 가지면 된다고 말하자 농부들이 고개를 갸웃했다.

"어떤 식으로 3칸을 가져간단 말이오?"

"아무렇게나 가져갈 순 없잖소?"

농부들이 울상을 지었다. 그 모습을 본 코어는 땅에 그어진 삼각형
모양을 3개씩 묶었다.

"이렇게 나누면 되겠죠? 이제 단서를 얘기해 주세요."

코어가 침을 꿀꺽 삼키며 물었다. 그러자 농부는 흰 눈썹을 움찔거
리며 간밤에 본 장면을 코어에게 털어놓았다.

"실은……!"

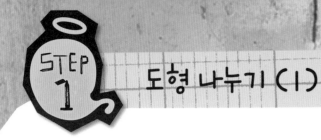

도형 나누기 (1)

농부들은 범인이 흘리고 간 도형 조각을 내놓았습니다. 코어는 농부들이
내민 조각을 뚫어지게 바라보았습니다.

1 다음 도형을 모양과 크기가 모두 같은 4개의 도형으로 나누어 보세요.
(단, 돌리거나 뒤집었을 때 같은 모양은 같다고 봅니다.)

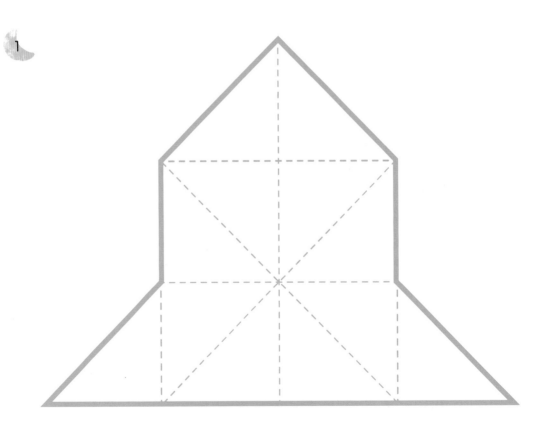

2

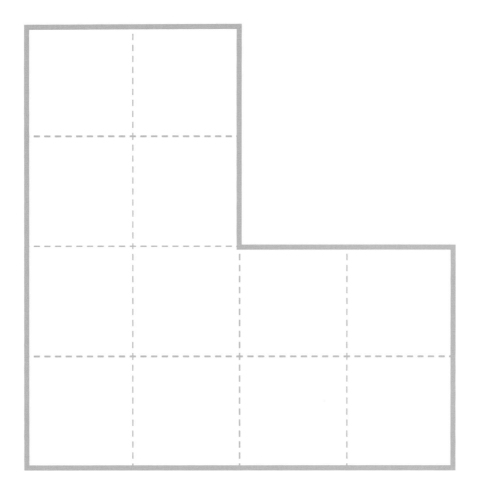

식은 죽 먹기지?

도형 나누기 (2)

1 다음 도형을 모양과 크기가 모두 같은 4개의 도형으로 나누어 보세요.

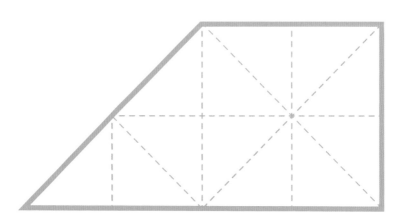

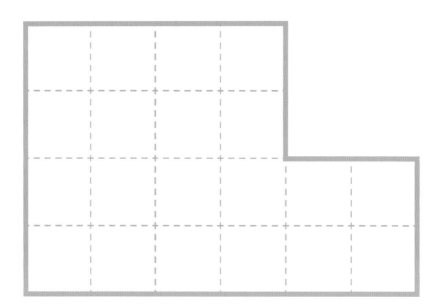

3

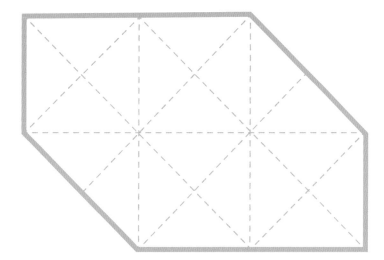

4

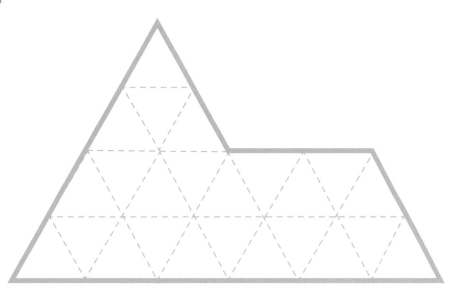

수의 합이 같게 나누기

2 다음의 땅을 모양과 크기가 모두 같은 4개의 땅으로 나누려고 해요.
이때 각 땅 안에 있는 수의 합도 같아지도록 나누어 보세요.

 각 땅 안에 있는 수의 합이 17이 되도록 4개의 땅으로 나누어
보세요.

4	8	3	5
6	1	2	6
7	2	3	3
3	5	9	1

2 각 땅 안에 있는 수의 합이 18이 되도록 4개의 땅으로 나누어
보세요.

3	6	4	5
6	2	3	9
7	1	4	3
4	5	8	2

어떤 모양이 4개의 땅으로 나누어질 수
있을까? 모양을 먼저 생각한 다음 확인해 봐!

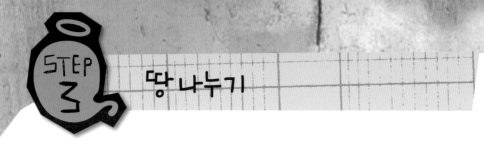

땅 나누기

1 다음의 땅을 모양과 크기가 모두 같은 4개의 땅으로 나누려고 해요. 이 때 각 땅 안에 흰 바둑돌 하나와 검은 바둑돌 하나가 반드시 들어 가게 나누어 보세요.

1

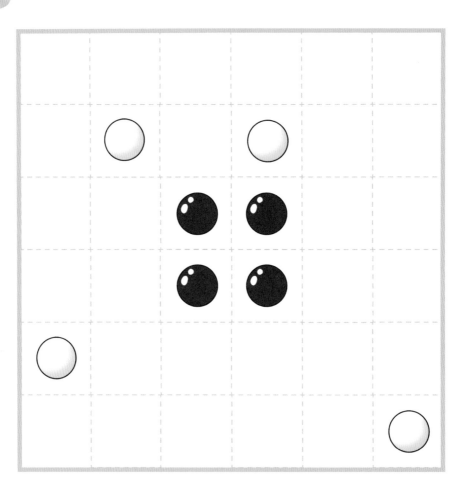

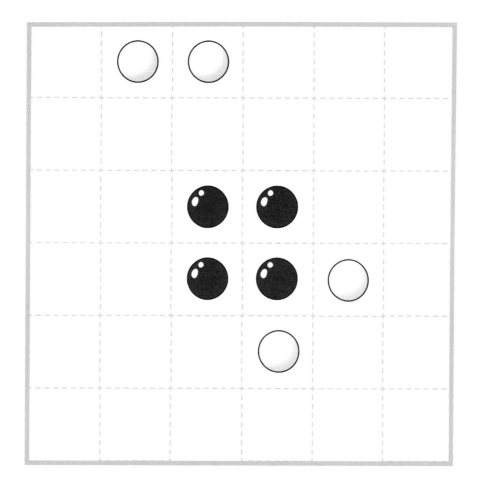

흰 바둑돌이나 검은 바둑돌의 위치는
같지 않아도 돼! 바둑돌이 하나씩만 들어
가게 나누면 되지!

3 벌집 퍼즐

범인을 찾아 헤매던 코어는 낯선 마을에 이르렀다. 어쩐지 이상한 느낌이 들었다. 마을의 집은 벌집처럼 다닥다닥 붙어 있었고, 저마다 사람들이 살고 있었다.

코어가 마을을 두리번거릴 때였다. 땅딸막한 노인 한 명이 코어의 앞을 가로막았다. 그 노인은 마을의 이장이었다.

"여긴 무슨 일인가?"

"저는 범인을 추적하고 있는 탐정 코어입니다. 마을의 집들이 벌집 모양으로 특이합니다. 이 집들에는 어떤 규칙이 있나요?"

"이 마을 사람들은 혼자 살거나, 2명 또는 3명이 같이 살지. 혼자 사는 사람들끼리는 서로 이웃해서 살지 않고, 2명이 사는 집은 2명이 사는 집끼리 2가구가 이웃해서 살아. 그리고 3명이 사는 집은 3명이 사는 집끼리 3가구가 이웃해서 살고 있다네."

"그렇군요……."

코어는 범인이 틀림없이 혼자 사는 사람일 거라고 예상했다. 폭발물을 만들려면 충분한 작업 공간이 필요한 데다가, 누구에게도 방해 받지 않을 시간이 필요할 것이기 때문이다.

'좋아, 혼자 사는 사람을 찾아보자고.'

하지만 마을 사람들을 일일이 만나고 다닐 생각을 하니 막막하기 그지없었다.

'아까 이장님이 한 말엔 몇 가지 조건이 있었어. 3은 3끼리, 2는 2끼리 모여 있다는 것이고, 1은 따로 떨어져 있다는 거야. 또, 3은 동그랗게도 모일 수 있고 일렬로 죽 늘어설 수도 있지.'

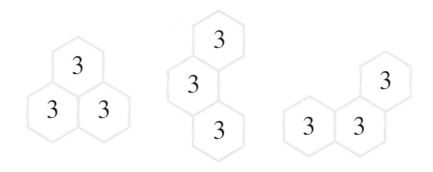

'이 조건을 잘 살펴보면……!'

코어는 마을의 집을 일일이 다 조사할 필요가 없다는 생각이 들었다.

지금까지 밝혀낸 단서만으로도 혼자 사는 사람의 집을 찾을 수 있을

것 같았다.

코어는 우선 마을의 지도를 그렸다.

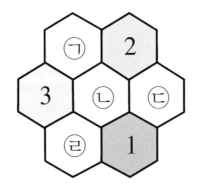

"㉠과 ㉡집에 3을 넣으면 ㉢에 2를 넣어야 하겠지. 그러고 나면 ㉣

은 1, 2, 3가운데 그 어떤 경우도 맞지 않게 돼. 그러면 틀린 답이 되

니까 다시 해 봐야겠군."

코어는 다시 1과 떨어진 자리인 ㉠에 1을 넣었다. 그런 다음 ㉡과 ㉣

에 3을 넣었더니 ㉢에 2를 넣어도 문제가 생기지 않았다.

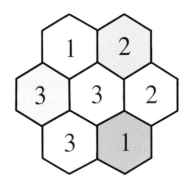

"좋아! 그렇다면 이제 혼자 사는 사람의 집을
찾았어. 그 집에 사는 사람이 범인인지만 확인해
보면 돼."

벌집 퍼즐 (1)

어느덧 밤이 됐습니다. 코어가 등불을 빌리려고 이장을 찾아갔더니 벌집 퍼즐을 풀어야만 등불을 빌려줄 수 있다고 합니다.

1 1은 서로 떨어져 있고 2는 2개가 붙어 있고, 3은 3개가 붙어 있습니다. 1, 2, 3을 사용하여 다음 벌집 퍼즐을 해결하려고 합니다. 물음에 답해 보세요.

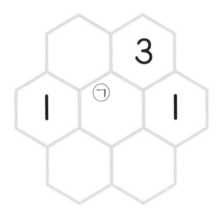

㉠에 들어갈 수 있는 수를 써 보세요.

(   )

나머지 부분을 완성해 보세요.

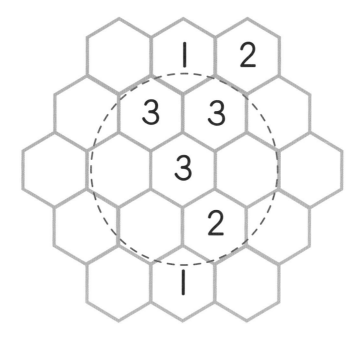

○ 안을 먼저 완성해 보세요.

나머지 부분을 완성해 보세요.

1이 들어갈 수 없는
자리를 알 수 있지!

벌집 퍼즐 (2)

1 1은 서로 떨어져 있고 2는 2개가 붙어 있고, 3은 3개가 붙어 있습니다.
수 1, 2, 3을 사용하여 다음 벌집 퍼즐을 해결해 보세요.

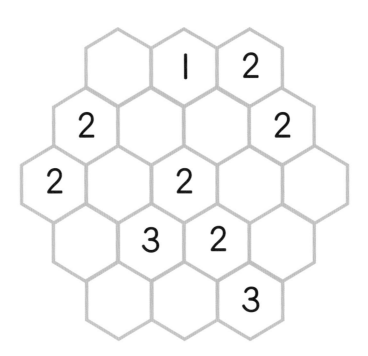

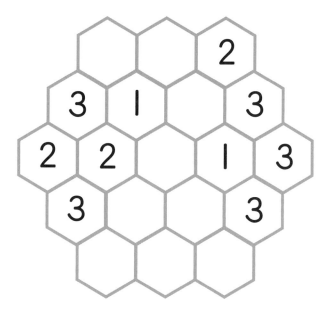

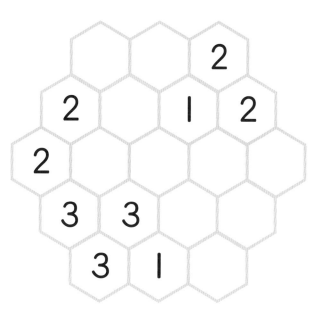

벌집 퍼즐 (2)

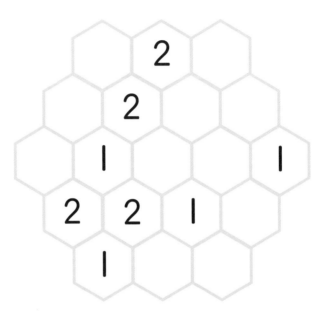

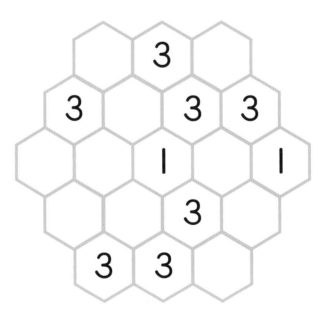

6

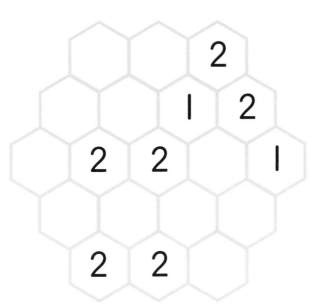

7

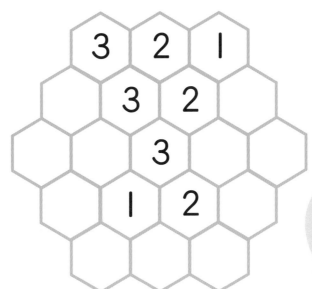

1과 2 모두 들어갈 수 없는 곳에는 3이 들어가야 해.

벌집 퍼즐 (3)

1 1은 서로 떨어져 있고 2는 2개가 붙어 있고, 3은 3개가 붙어 있습니다.
1, 2, 3을 사용하여 다음 벌집 퍼즐을 해결해 보세요.

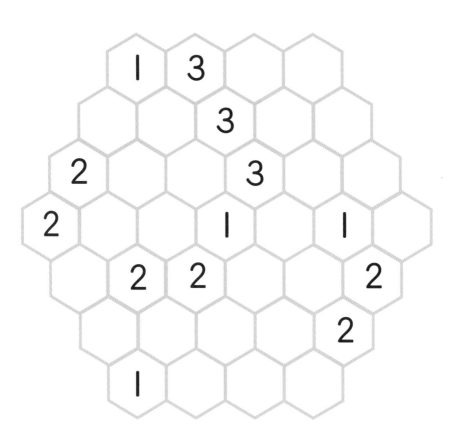

2

4 곱셈구구 퍼즐

"아뿔싸!"

코어가 범인이라고 생각한 사람의 집을 찾아갔을 때는 이미 한 발 늦어 버린 후였다. 범인은 이미 도망친 상태였다.

"조금만 더 빨랐어도 잡을 수 있었을 텐데!"

코어는 간발의 차이로 범인을 놓쳐서 무척 아쉬웠다.

코어가 씩씩거리며 집 안을 둘러보았다. 집에는 범인이 쓰다 만 폭탄 가루와 전선 조각들이 널브러져 있었고, 책상에는 이상한 공식들이 쓰인 수첩이 놓여 있었다. 또 한쪽 구석에는 쓰다 만 물감과 붓 따위가 어지럽게 놓여져 있었다.

"틀림없어. 이 집에 사는 사람이 마을 회관에 폭발물을 설치한 범인이야."

그때였다. 코어의 눈에 이상한 숫자 칸이 들어왔다.

벽 한쪽을 가득 메운 숫자 칸이었다.

"이건 뭐지? 퍼즐인 것 같기도 하고……."

벽에는 여러 칸의 사각형이 그려져 있었고, 각 칸마다 수 또는 ×표시가 되어 있었다.

"이게 뭘까?"

코어는 어쩌면 벽에 그려진 퍼즐 속에 단서가 숨어 있을지 모른다는 생각이 들었다. 자세히 살펴보니 가로줄은 4, 7, 28, 8, 3, 그리고 24가 쓰여 있었고 세로 줄은 8, 6, 48 등이 쓰여 있었다.

코어는 숫자를 가만히 들여다보다가 무릎을 탁 쳤다.

"아하, 이건 곱셈구구야!"

코어는 칸에 표시된 ×표시를 살펴보았다.

"이건 수가 들어가지 않는 칸이야."

그때 문득 볼록 튀어 나온 스위치 하나가 보였다. 코어는 스위치를 눌러 보았다. 스위치는 여러 번을 눌렀는지 끝이 닳아 있었다.

"혹시 이건······!"

코어는 스위치를 눌러 보았다. 순간 벽이 우르르 소리를 내며 움직이더니 어두컴컴한 지하실로 통하는 계단이 나왔다.

곱셈구구 (1)

범인의 집 바닥에도 곱셈구구 퍼즐이 그려져 있었습니다. 코어는 퍼즐을 쉽게 해결하기 위해 빈칸에 ㉠, ㉡, ㉢ 기호를 써보았습니다.

1 다음 물음에 답해 보세요.

㉠	×	×	㉡	63
×			×	35
×		×		24
㉢	×		×	40
56	30	35	36	

㉠×㉡=63이고, ㉠×㉢=56입니다. 곱셈구구 중 63과 56이 모두 나오는 것은 몇의 단인지 답하고, ㉠에 알맞은 수를 구하세요.

㉡과 ㉢에 알맞은 수를 각각 구해 보세요.

퍼즐을 완성해 보세요.

㉠	×	×	㉡	27
×			×	54
㉢	×		×	18
×		×		32
54	48	27	12	

㉠×㉡=27이고, ㉠×㉢=54입니다. 곱셈구구 중 27과 54가 모두 나오는 것은 몇의 단인지 답하고, ㉠에 알맞은 수를 구하세요.

㉡과 ㉢에 알맞은 수를 각각 구해 보세요.

퍼즐을 완성해 보세요.

27과 54는
몇의 단에서 나오지?

STEP 2 곱셈구구 (2)

1 빈칸에는 1부터 9까지의 수가 들어갈 수 있으며, 표의 오른쪽과 아래쪽에 있는 수는 그 줄에 있는 두 수를 곱한 값입니다. ×표시가 있는 칸에는 숫자를 써넣을 수 없습니다. 곱셈구구 퍼즐을 해결해 보세요.

×	7		×	42
	×	×		63
×		×		20
	×		×	32
56	35	24	36	

2

	×	×		24
×			×	21
×	6	×		24
	×		×	63
72	18	49	12	

3

	×	×		40
×			×	36
	×		×	21
×		×	2	12
35	24	27	16	

곱셈구구 (2)

2 표의 오른쪽과 아래쪽에 있는 수는 그 줄에 있는 두 수를 곱한 값입니다. ×표시가 있는 칸에는 숫자를 써넣을 수 없으며, ×표시가 없더라도 수가 없는 칸이 있으니 주의해서 곱셈구구 퍼즐을 해결해 보세요.

×	×			×	35
×				×	30
	×		×		36
×		×	×		48
	×	×		×	12
27	40	42	20	24	

2

×				×	24
	×			×	63
×		×	×		20
	×			×	56
	×	×	×	8	24
21	30	72	28	32	

3

×	×			×	35
	×			×	54
		×	×		24
×	×		×		56
		×		×	20
45	32	40	42	21	

두 칸만 비어
있는 줄부터
채워 넣어 봐!

복잡한 곱셈구구

1 표의 오른쪽과 아래쪽에 있는 수는 그 줄에 있는 두 수를 곱한 값입니다. ×표시가 있는 칸에는 숫자를 써넣을 수 없으며, ×표시가 없더라도 수가 없는 칸이 있으니 주의해서 곱셈구구 퍼즐을 해결해 보세요.

1

		×			28
	×				48
		×			40
				×	63
			×	×	21
24	36	56	42	35	

2

		X				81
				X		16
X						42
				X		30
	X					49
X						24
28	42	32	63	18	45	

5의 단이 쓰이는 경우는 45와 30박에 없네. 5가 놓일 자리를 알겠어!

5 낱말 퍼즐

지하실 안에서는 웅웅 하는 이상한 소리가 났는데, 바람이 벽에 부딪혀 나는 소리인 듯했다. 지하실은 을씨년스러운 느낌이 물씬 풍기는 곳이었다. 코어는 망설이다가 스위치를 찾기 위해 발을 한 발짝 내딛었다.

"헉!"

손을 더듬어 지하실의 불을 밝힌 코어는 벽 한쪽에 잔뜩 붙어 있는 메모 조각을 발견하고 두 눈을 휘둥그레 치켜떴다. 메모 조각은 뿔뿔이 흩어져 있었기 때문에 대체 무엇을 말하는 것인지 알 수 없었다.

하지만 분명한 것은 그 글자를 쓴 자가 범인이라는 것이었다.

코어는 명탐정의 감으로 그것을 확신할 수 있었다.

"이게 뭐지? 범인이 내게 단서를 남긴 게 틀림없어."

코어는 흩어진 메모 조각을 제대로 짜 맞추면 범인의 행방을 알아낼 수 있으리라는 확신이 들었다.

코어는 이 메모 조각들을 모아서 맞추기 시작했다. 예상대로 서서히 단서가 드러났다. 코어는 의기양양해져서 메모 조각을 맞췄다.

"아니 이럴 수가!"

코어는 메모 조각을 움켜쥐고 두 눈을 부릅떴다.

"놓친 범인이 바로 그들이었다니!"

코어는 범인의 뒤를 쫓으려고 밖으로 뛰어 나갔다. 하지만 땅을 나누어 막 농사를 시작할 것 같았던 범인과 농부들은 이미 흔적도 없이 사라져 버린 후였다.

"흥분하지 말고 침착해, 침착하자고. 정신을 가다듬고 다시 집을 살펴보자. 집 안을 샅샅이 뒤지다 보면 단서를 찾을 수 있을 거야. 내가 한번 맡은 사건은 절대 포기하지 않아. 나는 명탐정 코어, 이 세상 모든 진실을 밝혀낼 거니까!"

코어는 두 주먹을 굳게 움켜쥔 채로 눈을 반짝였다.

사진의 힌트 조각

집 안을 샅샅이 살피던 코어는 서랍에서 낡은 사진을 발견했습니다. 그 사진의 주인공들은 얼굴이 모두 오려진 상태였고, 밑에 이름이 쓰여 있습니다.

1 8명의 친구들이 두 줄로 서서 사진을 찍었습니다. 힌트 조각을 보고 친구들이 어떻게 서 있었는지 이름을 완성해 보세요.

	시아	
주영		준호

		수정
민지	시아	준호

지후	
	주영

우진	주영	재민

	주영		

2

	진수
은우	

준현	진수

진수		
민채	주호	혁기

은지	채린

	진수		

주영이나 진수처럼 여러 번
나온 이름을 생각해 봐!

1 힌트 조각을 보고 4명의 친구들의 성과 이름을 맞혀 보세요.

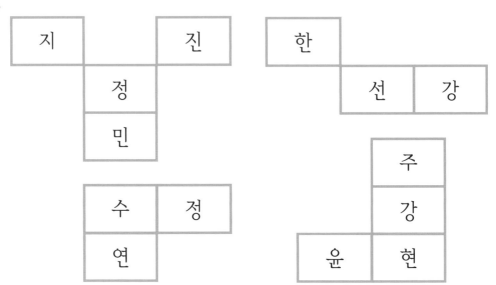

성				
이름				강

2

정
지 우 강

한
민 정

안 서
　　 수

안
민
　 우

강 진

　 송
연 수

성				
이름				
			강	

2 4명의 친구들의 이름과 사는 곳을 맞혀 보세요.

지	
아	경
인	

	경	
경	순	현
	천	부
	안	

		은	경	정		
천						부
안	산				천	천

이름				
사는 곳				

2

정	현			은			
		강		서		한	
				울		강	
			도	산	진	울	
대	수						
전	원	진	울				진
	도						
			주	주			

이름

사는 곳

같은 글자가 여러 번
나올 수도 있으니까
주의해야 해!

나라 맞히기

1 각 나라의 국기와 이름, 수도를 맞혀 빈칸을 채워 보세요. 단, 국기가 들어갈 자리에는 해당 번호를 써넣으세요.

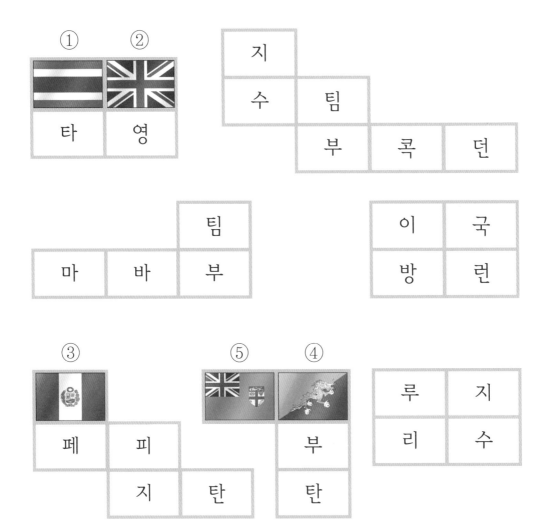

국기					
국가					
수도					

국기와 이름, 수도
세 가지를 만족시켜야
하군!

6 승부 결과 추리

범인의 집에서 빠져나온 코어는 요트 선착장에 도착했다.

'마을이 선착장과 이어져 있었군.'

마침 저 멀리 요트 한 대가 들어오고 있는 게 보였다. 코어는 요트를 향해 손을 흔들어 보였다. 그러자 요트의 주인이 선착장에 배를 멈추어 세운 뒤 코어에게 물었다.

"왜 그렇게 지쳐 보이시오?"

"범인을 쫓다 보니 그만……."

"범인? 혹시 경찰인가?"

순간 코어는 이상한 기척을 느꼈다.

아니나 다를까, 요트 속에 몇 명의 사람들이 더 숨어 있는 듯했다.

코어는 시치미를 떼고 물었다.

"당신들은 누구시오?"

"우린 그저 요트 여행을 즐기는 여행객들이라오."

코어는 요트 안을 구경하게 해 달라고 부탁했다. 요트 안으로 들어간 코어는 자기 앞에 서 있는 사람들이 유물을 훔쳐다 파는 밀수꾼이란 사실을 눈치챘다. 요트 선반에 놓인 장식품은 지난달 도난 당한 불상이었기 때문이다.

코어는 경감에게 자신의 위치를 문자로 보냈다. 그리고 경찰이 오기

전까지 시간을 끌기 위해 재미있는 게임을 하자고 제안했다.

"갑자기 웬 게임?"

"우리 2명씩 가위바위보를 해서 내가 1등을 하면 요트를 좀 더 구경 시켜 주시오."

"요트를 구경시켜 달라고?"

"왜? 혹시 구경을 시켜 주면 안 되는 이유라도 있는 건 아니겠죠?"

밀수꾼들은 침을 꿀꺽 삼키며 서로를 바라보았다.

"어쩌죠?"

"가위바위보니까 해도 되지 않을까?"

"그러다가 저 사람이 이겨서 요트를 구경시켜 줘야 하는 상황이 되면? 밀수품이 있다는 걸 들키고 말 거야!"

"쉿!"

그들은 서로 쉬쉬거리며 손가락으로 입을 가렸다. 명탐정 코어는 시치미를 뚝 떼고 그 모습을 바라보았다. 마침내 가위바위보가 시작되었다.

"누가 이겼어?"

요트 주인인 척하고 있던 밀수꾼이 여행객인 척 하는 사람을 붙잡고 물었다. 여행객인 척 하는 사람은 대답을 하는 대신 코어의 얼굴을 표 맨 위에다 그려 넣었다.

"뭐야? 누가 이겼냐고 묻잖아!"

"이 경기는 가위바위보를 해서 이긴 사람끼리 겨루어 최후에 남은 우승자를 가리는 토너먼트 방식이잖아. 그러니 최종적으로 이긴

사람이 누군지 알면 첫판, 그리고 두 번째 판에서 누가 이겼는지 알

수 있지."

코어가 말했다.

"그럼 당신이 여행객2()와 가위바위보를 해서 최종적으로 이겼

으니까 첫판에서는 코어() 당신과 여행객2()가 이긴 거로군."

"그래, 첫판에서 여행객1()은 지고, 여행객2()는 이기고, 여

행객3()은 지고 내가() 이겼다는 뜻이지."

그때였다. 멀리서 경찰차의 사이렌 소리가 윙윙 울려왔다.

'경감님이 이제야 도착하셨나 보군.'

코어는 의미심장한 미소를 지었다.

토너먼트 (1)

경감은 수십 대의 요트 가운데 어느 곳에 코어가 있는지 찾아내지 못해 헤매고 있었습니다. 코어는 시간을 끌기 위해 밀수꾼들에게 게임을 한 판 더 하자고 합니다.

1 밀수꾼 1, 2, 3과 코어 모두 4사람이 두 명씩 가위바위보를 해서 이긴 사람끼리 다시 가위바위보를 했어요. 다음을 읽고 칸을 채운 다음, 처음에 가위바위보를 해서 이긴 사람에게는 ○표를, 진 사람에게는 ×표를 해 보세요.

● 밀수꾼3은 밀수꾼1과 가위바위보를 해서 이겼어요.

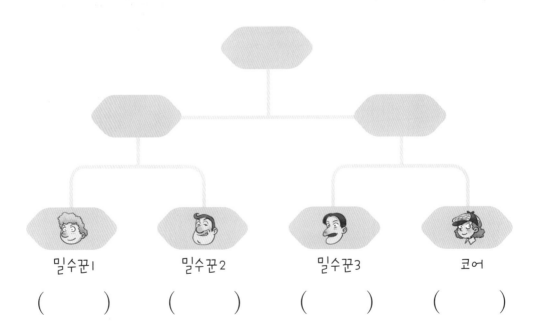

밀수꾼1   밀수꾼2   밀수꾼3   코어

(   )   (   )   (   )   (   )

● 밀수꾼2는 가위바위보를 1번 했어요.
● 최종 우승자는 코어예요.

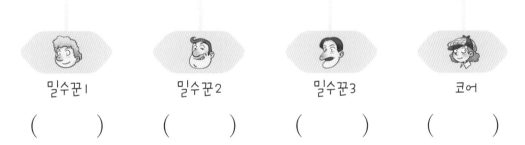

밀수꾼1   밀수꾼2   밀수꾼3   코어

(   )   (   )   (   )   (   )

최종 우승을 하려면 당연히
첫판에서는 이겨야겠지!

토너먼트 (2)

1 진수, 정아, 민규, 서연 모두 4사람이 두 명씩 가위바위보를 해서 이긴 사람끼리 다시 가위바위보를 했어요. 다음을 읽고 칸을 채운 다음, 처음에 가위바위보를 해서 이긴 사람에게는 ○표를, 진 사람에게는 ×표를 해 보세요.

● 가위바위보 첫판에서 진수는 정아와 가위바위보를 해서 이겼어요.
● 최종 우승은 서연이가 했어요.

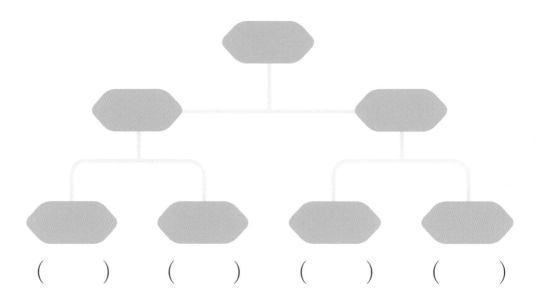

( )　　( )　　( )　　( )

2

● 정아와 서연이는 함께 가위바위보를 하지 않았어요.
● 진수는 가위바위보를 2번 했어요.
● 최종 우승은 정아가 했어요.

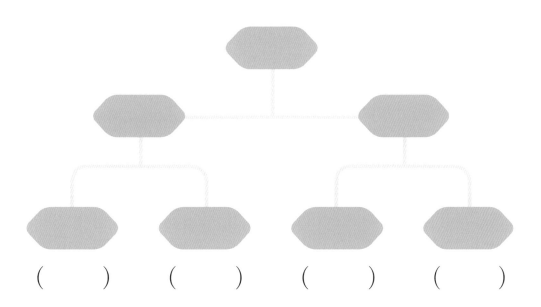

( ) ( ) ( ) ( )

첫판에서 지면 가위바위보는
한 번밖에 못한 게 돼!

토너먼트 (2)

2 A, B, C, D, E, F, G, H 모두 8사람이 두 명씩 가위바위보를 해서 이긴 사람끼리 다시 가위바위보를 했어요. 다음을 읽고 처음에 가위바위보를 해서 이긴 사람에게는 ○표를, 진 사람에게는 ×표를 해 보세요.

● C는 G에게 졌어요.
● A와 F는 1번씩만 가위바위보를 했어요.

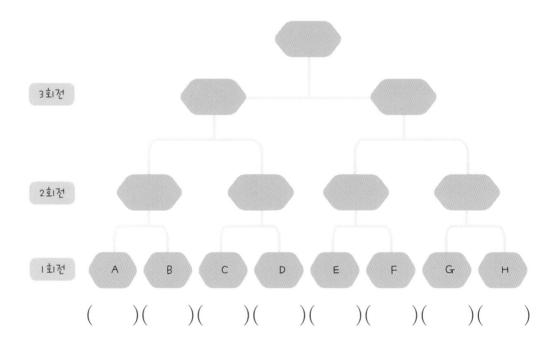

2

● B와 G는 한 번도 이기지 못했어요.
● C는 2번, E는 3번 이겼어요.

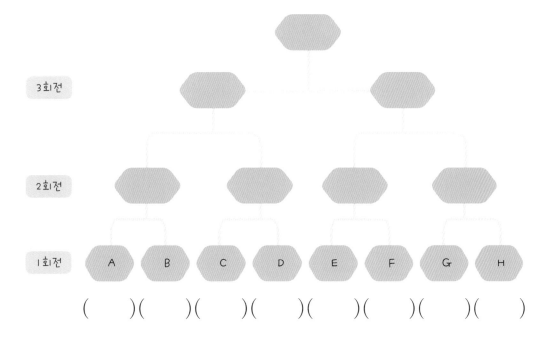

3회전

2회전

1회전   A   B   C   D   E   F   G   H

( )( )( )( )( )( )( )( )

한 번도 이기지 못했다는 것은
첫판에 졌다는 거지!

토너먼트 (3)

1 A, B, C, D, E, F, G, H 모두 8사람이 두 명씩 가위바위보를 해서 이긴 사람끼리 다시 가위바위보를 했어요. 다음을 읽고 1회전에 가위바위보를 해서 이긴 사람이 누구인지 써 보세요.

- 3회전에서 A는 C에게 졌습니다.
- 2회전에서 C는 G에게 이겼습니다.
- E와 F는 가위바위보를 1번씩만 했습니다.
- B와 G는 가위바위보를 2번씩 했습니다.

1회전에서 이긴 사람 : (   )

2

● C와 D는 가위바위보를 3번씩 했어요.
● A와 B는 이긴 적이 한 번도 없어요.
● 1회전에서 C는 E와, G는 H와 가위바위보를 했어요.
● H는 가위바위보를 1번만 했어요.

1회전에서 이긴 사람 : (   )

2회전을 치른
사람은 1회전에서
이긴 사람이겠지!

7 부등호 퍼즐

코어는 범인을 잡지 못한 채 집으로 돌아왔다. 그날 저녁, 코어가 범인이 남긴 단서를 살피며 고민하고 있을 때였다. 딩동 하고 초인종이 울리더니 택배 배달부가 들어왔다.

"무슨 일이죠?"

"누가 이걸 배달해 드리라고 해서……."

택배 배달부는 커다란 상자를 내려놓았다. 그 속에는 금고와 쪽지가 하나 들어 있었다.

1. 2. 3을 이용해 이 금고를 여시오.

"대체 누가 내게 이런 걸 전해 달라고 했습니까?"

"키가 작고 통통한 사람이었습니다. 손에 흙이 가득 묻어 있고 ……."

"흙이라고?"

코어는 순간 범인이 보낸 물건이란 걸 알아차렸다. 코어는 서둘러 금고를 열어 보려고 애썼다. 하지만 금고의 문을 열려면 다음과 같은 모양으로 이루어진 키패드에 입력할 비밀번호를 알아야만 했다.

'에잇, 또 다시 범인이 나를 갖고 노는구나!'

코어는 키패드를 바라보며 생각에 잠겼다.

'생각, 생각을 하자! 등호는 두 수가 서로 같다는 것이고, 부등호는 크거나 작다는 것을 의미하니까, 힌트로 준 숫자 1, 2, 3을 이용하면 비밀번호를 알아낼 수 있을 거야.'

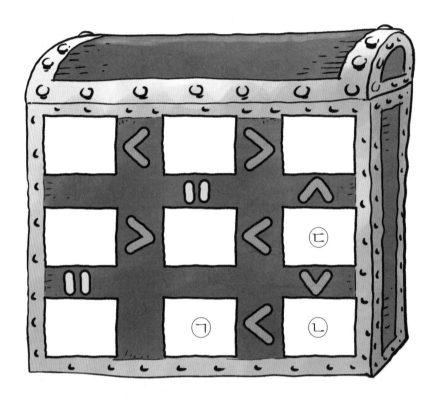

코어는 ㉠보다 큰 수 ㉡, ㉡보다 큰 수 ㉢을 추리하기 시작했다.

'부등호의 방향이 한 방향으로 되어 있으니까 순서대로 커지는 수네! ㉠=1, ㉡=2, ㉢=3이구나.'

코어가 1, 2, 3의 번호를 맞추니 띠리릭 소리가 났다. 제대로 맞추 었다는 의미인 듯했다.

"옳거니, 이제 비밀번호를 더 알아낼 수 있어!"

코어는 자신감에 차올랐다.

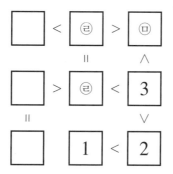

"ㄹ은 3보다는 작지만 ㅁ보다는 커야 하니까 ㄹ=2, ㅁ=1이어야 하겠지."

여기까지 비밀번호를 알아낸 코어는 나머지 숫자를 쉽게 알아맞혔다.

철컥!

코어가 마지막 한 숫자를 맞히자 경쾌한 소리와 함께 금고의 문이 열렸다.

STEP 1 부등호 퍼즐 (1)

금고의 문이 열리자 그 속에는 작은 금고가 또 들어 있습니다. 작은 금고 역시 큰 금고와 마찬가지로 비밀번호가 걸려 있습니다.

1 1부터 3까지의 수를 부등호의 방향에 맞게 9개의 빈칸에 써넣어 부등호 퍼즐을 완성하려고 해요. 물음에 답해 보세요.

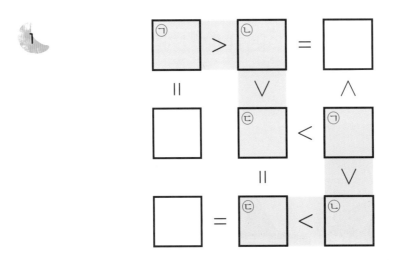

⊙, ⓒ, ⓒ에 들어갈 알맞은 수를 찾아 써넣어 보세요.

⊙=(   ), ⓒ=(   ), ⓒ=(   )

나머지 빈칸을 모두 채워 보세요.

채워진 수와 부등식이 모두 맞는지 확인해 보세요.

2

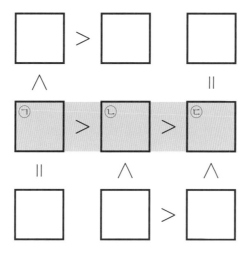

㉠, ㉡, ㉢에 들어갈 알맞은 수를 찾아 써넣어 보세요.

㉠ = (   ), ㉡ = (   ), ㉢ = (   )

나머지 빈칸을 모두 채워 보세요.

채워진 수와 부등식이 모두 맞는지 확인해 보세요.

한 줄만 채우면 스르르
풀리는걸!

부등호 퍼즐 (2)

1 1부터 3까지의 수를 부등호의 방향에 맞게 빈칸에 써넣어 부등호 퍼즐을 해결해 보세요.

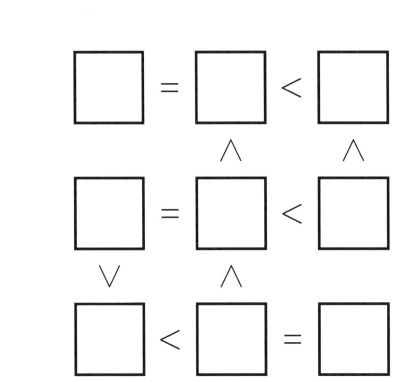

$$\square < \square \qquad \square$$

$$\qquad \wedge \qquad \wedge$$

$$\square \qquad \square > \square$$

$$\wedge \qquad = \qquad \wedge$$

$$\square < \square \qquad \square$$

$$\square > \square = \square$$

$$= \qquad \vee \qquad \wedge$$

$$\square \qquad \square < \square$$

$$\qquad = \qquad \vee$$

$$\square = \square < \square$$

부등호 퍼즐 (2)

2 1부터 4까지의 수를 부등호의 방향에 맞게 빈칸에 써넣어 부등호 퍼즐을 해결해 보세요.

1

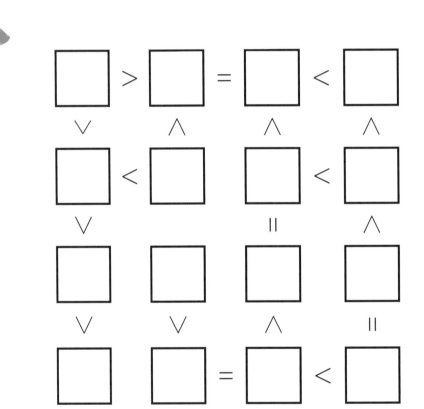

2

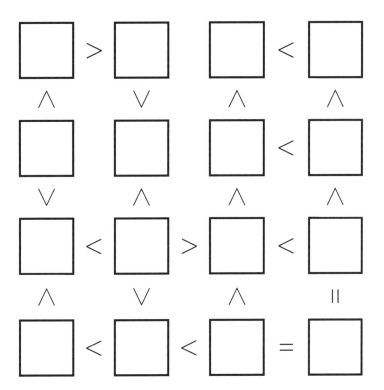

부등호의 방향이
한 방향으로 연결된 곳을
찾아봐!

93

부등호 퍼즐 (3)

1 1부터 5까지의 수를 부등호의 방향에 맞게 20개의 빈칸에 써넣어 부
등호 퍼즐을 해결해 보세요.

1

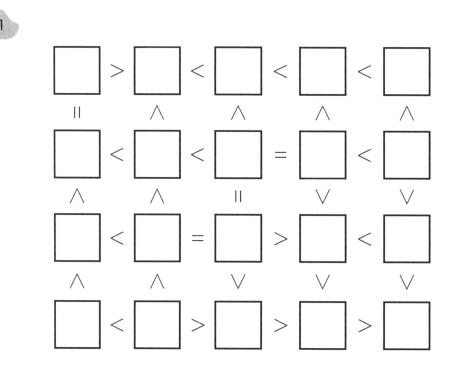

2

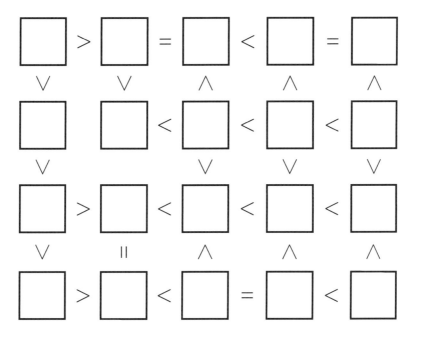

1부터 5까지 부등호가
한 방향으로 연결된 부분을
찾아봐!

8 색깔 네모

마지막 금고의 문을 열자 그 속에 작은 종이 조각이 들어 있었다.

코어는 종이 조각을 꺼내 읽어 보았다. 그 속에는 어딘가의 주소를

나타내는 듯한 글자가 쓰여 있었다.

그때였다. 코어의 전화가 울렸다.

"누구냐?"

코어가 묻자 음침한 목소리가 들려왔다.

"내일 오전에 그 주소로 오면 나를 볼 수 있을 거야. 물론 나를 잡는

건 쉽지 않겠지만 말이지."

"뭐라고?"

코어는 몸을 벌떡 일으켰다.

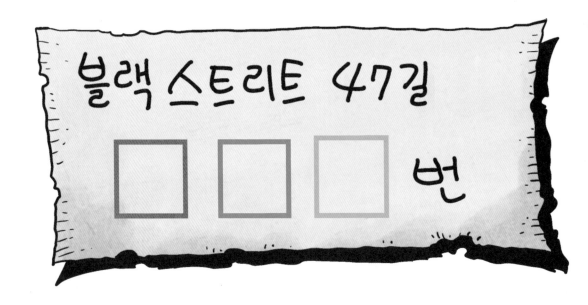

빈칸을 어떻게 채워 범인이 있는 곳을 알아내야 할지 코어가 머리를 쥐어 뜯으며 고민하고 있을 때였다. 다시 전화벨이 울렸다.

"대체 어디 있는 거냐?"

코어가 퉁명스럽게 묻자 음침한 목소리의 범인이 낄낄낄 웃으며 말했다.

"주소를 알아낼 단서를 찾았나? 두꺼운 커튼이 눈을 가리면 볼 수 있는 것도 보지 못하는 법이지. 하하하"

코어는 서둘러 창문의 커튼을 열어 젖혔다. 그러자 다음과 같은 그림이 눈에 들어왔다.

그림을 한동안 응시하던 코어는 이내 실마리를 풀어가기 시작했다.

"그래, 이건 색이 같은 네모 칸에 같은 수를 넣어야만 하는 문제야. 덧셈 식을 이용해 ☐+☐=☐이 나오려면 ☐에는 0이 들어가야겠지."

$$
\begin{array}{r}
\boxed{}\ \boxed{0} \\
+\ \boxed{}\ \boxed{0} \\
\hline
\boxed{}\ \boxed{0}\ \boxed{0}
\end{array}
$$

"또 두 자리 수를 더한 결과가 세 자리 수가 되려면 ☐에는 1이 들어가야만 해."

코어는 파란색 네모 칸에 들어갈 숫자가 1이라는 것도 알아냈다.

$$
\begin{array}{r}
\boxed{}\ \boxed{0} \\
+\ \boxed{}\ \boxed{0} \\
\hline
\boxed{1}\ \boxed{0}\ \boxed{0}
\end{array}
$$

여기까지 알아내고 나니 빨간색 네모 칸에 들어갈 숫자의 정체가 무엇인지 대략 짐작이 갔다.

"됐어. 그렇다면 ☐에는 5가 들어가게 되겠지. "

네모 칸에 들어갈 숫자를 밝혀 낸 코어는 얼른 지도를 확인해 보았다.
범인이 말한 블랙스트리트 47길 510번은 작은 공원과 이어진 전원주택 단지였다.

"무슨 꿍꿍이가 있는 거지? 이 지역은 몇 년 동안 사건이 전혀 없는 조용한 곳인데……. 어쨌거나 내일 나타나면 놓치지 않겠다."

색깔 네모 (1)

낮이 되자 코어의 집 앞에 훨씬 많은 색깔 네모가 그려져 있습니다. 아이들이 범인의 낙서를 흉내내어 문제를 내고 있는 것입니다.

1 같은 색깔에는 같은 수가 들어가요. 다음 식에 맞도록 색깔 네모 안에 알맞은 수를 써넣어 보세요.

1

$$
\begin{array}{r}
4\ \square \\
+\ \square\ 9 \\
\hline
\square\ 0\ 7
\end{array}
$$

2

$$
\begin{array}{r}
\square\ 9 \\
+\ 7\ \square \\
\hline
\square\ 2\ \square
\end{array}
$$

3

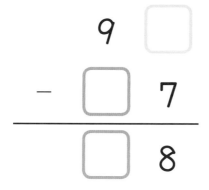

$$
\begin{array}{r}
9\ \boxed{} \\
-\ \boxed{}\ 7 \\
\hline
\boxed{}\ 8
\end{array}
$$

4

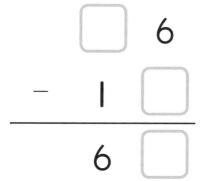

$$
\begin{array}{r}
\boxed{}\ 6 \\
-\ 1\ \boxed{} \\
\hline
6\ \boxed{}
\end{array}
$$

이 문제는 쉽게
알 수 있겠네!

STEP 2 색깔 네모 (2)

1 같은 색깔에는 같은 수가 들어가요. 다음 식에 맞도록 색깔 네모 안에 알맞은 수를 써넣어 보세요.

1.

$$
\begin{array}{r}
\square\ \square \\
+\ \ \square\ \square \\
\hline
\square\ \square\ 0
\end{array}
$$

2.

$$
\begin{array}{r}
5\ \square \\
+\ \ \square\ 5 \\
\hline
\square\ \square\ \square
\end{array}
$$

3.

$$
\begin{array}{r}
\square\ \square\ 6 \\
+\ \ 8\ \square \\
\hline
\square\ \square\ 9
\end{array}
$$

4

$$\begin{array}{r} 8 \\ -\ \boxed{}\ 4 \\ \hline 5\ \boxed{} \end{array}$$

5

$$\begin{array}{r} \boxed{}\ 2 \\ -\ 4\ \boxed{} \\ \hline \boxed{}\ \boxed{} \end{array}$$

6

$$\begin{array}{r} \boxed{}\ \boxed{}\ 4 \\ -\ 8\ \boxed{} \\ \hline \boxed{}\ 8 \end{array}$$

색깔 네모 (2)

7

$$
\begin{array}{r}
\square\ \square \\
+\ \square\ \square \\
\hline
9\ \ 2
\end{array}
$$

8

$$
\begin{array}{r}
\square\ \ \square \\
+\ \square\ \ \square \\
\hline
1\ \ 5\ \ 4
\end{array}
$$

9

$$
\begin{array}{r}
\square\ \ \square \\
+\ \square\ \ \square \\
\hline
\square\ \ \square\ \ 4
\end{array}
$$

10

$$\begin{array}{r} \boxed{}\ \boxed{} \\ -\ \ 4\ \boxed{} \\ \hline 4\ \boxed{} \end{array}$$

11

$$\begin{array}{r} 7\ \boxed{} \\ -\ \boxed{}\ 5 \\ \hline \boxed{}\ \boxed{} \end{array}$$

12

$$\begin{array}{r} \boxed{}\ \boxed{} \\ -\ \boxed{}\ \boxed{} \\ \hline 2\ \boxed{} \end{array}$$

수를 채운 뒤에는 계산이 맞는지 확인해 봐야 해!

색깔네모 (3)

1 같은 색깔에는 같은 수가 들어가요. 물음에 답해 보세요.

 1

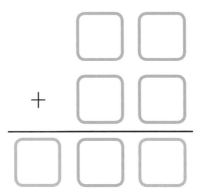

☐ 안에 들어갈 알맞은 수를 구해 채워 보세요.

같은 두 자리 수 2개를 더해서 세 자리 수가 되었습니다.
☐ 안에 들어갈 수로 가능한 수를 모두 써 보세요.

의 경우들 중 식을 만족하는 경우를 찾아 채워 보세요.

2

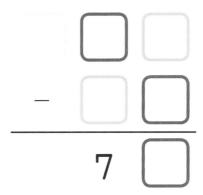

안에 들어갈 알맞은 수를 구해 채워 보세요.

□ 안에 들어갈 수가 0부터 9까지의 수 중 어떤 수인지 찾아 식을
완성해 보세요.

□ − □ = □ 가 되려면 □ 에
7이나 9와 같은 홀수들이 들어갈 수
있을까?

9 길 찾기

"어랏? 왜 이런 곳에 꽃밭이 있지?"

블랙리스트 47길 510번으로 통하는 길은 공원 끝에서 시작된 꽃밭으로 막혀 있었다. 향기롭고 예쁜 꽃들이 가득했지만 누군가 길을 막고 꽃밭을 만든 것이 분명했다.

코어가 꽃밭을 돌아갈 방법이 없나 둘러보고 있을 때 범인으로부터 전화가 걸려 왔다. 어디선가 코어를 지켜보고 있는 듯 느긋한 목소리였다.

"꽃밭을 밟으면 대가를 치러야겠지? 하지만 돌아갈 방법은 없어. 만신창이가 되지 않고 꽃밭을 통과한다면 내가 누구인지 알 수 있는 힌트를 주도록 하지."

'흠. 범인을 잡으려면 일단 이곳을 지나야 한단 말이지?'

코어는 조심스럽게 장미꽃이 만발한 곳을 지나 아래에 있는 흰색 국화 꽃밭으로 갔다. 그다음 튤립이 있는 ⋯▸ 쪽으로 발을 옮기던 순간,

"윽!"

갑자기 바닥이 물컹 하더니 코어의 발이 물웅덩이 속으로 쑥 빠져들었다. 얼른 중심을 잡고 다시 국화 꽃밭으로 돌아왔지만, 이미 한쪽 발은 축축하게 젖은 후였다.

'이런 유치한 장난을 하다니! 하지만 다음번엔 어떤 함정에 빠지게 될

지 몰라…….'

코어는 신중하게 꽃밭을 통과해야겠다고 생각했다.

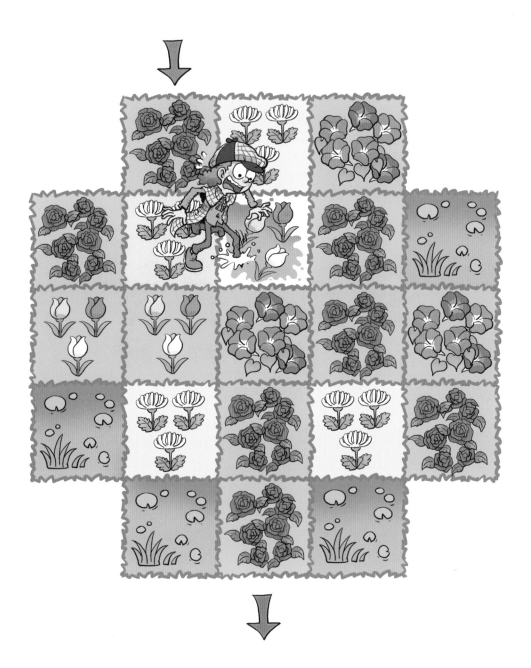

'장미, 국화, 튤립, 나팔꽃. 꽃의 종류가 모두 4가지니까 꽃들마다 다른 방향을 나타내고 있는 모양이군. 장미꽃을 운 좋게 통과한 것은 앞쪽으로 가는 방향이 맞다는 것이고, 국화꽃이 가리키는 방향은 ⋯➤이 쪽이 아니란 말이지⋯⋯.'

그러고 보니 마지막에는 장미꽃이 있는 곳으로밖에 나갈 곳이 없었다.

'그러니까 장미꽃이 있는 곳은 ⬍쪽으로 갈 수밖에 없고, 국화 꽃밭에서 ⋯➤쪽으로 갔을 때 물웅덩이가 나왔으니 국화 꽃밭에서는 무조건 ⬅⋯쪽으로만 가야 하는구나! 그럼 튤립은 ⋯➤쪽으로, 또 남은 나팔꽃은 ⬍쪽으로 가라는 뜻이 아닐까?'

코어는 자신의 생각대로 움직여 보았다.

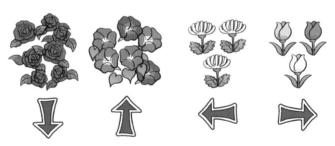

코어가 생각한대로 움직였더니 물웅덩이가 나오지 않았다. 덕분에 코어는 꽃밭 길을 빠져나올 수 있었다.

그런데 마지막 장미꽃밭을 지나자 바닥에 물감이 있는 팔레트와 붓 그림이 그려져 있었다.

'이것이 범인이 말한 힌트인가?'

코어는 재빨리 주위를 살펴보았다.

꽃밭을 빠져나온 코어가 어디로 가야 할지 두리번거리고 있을 때 색깔
지도 하나가 코어의 발 아래 툭 떨어졌습니다.

1 다음과 같이 움직인다고 할 때 이동하는 길을 그려 보세요.

〈규칙〉

□ : ↓   ▨ : →   □ : ←

1

2

2 각 색깔이 위쪽, 아래쪽, 오른쪽, 왼쪽 중 어느 방향으로 이동하는지 찾아 길을 그려 보고, 색깔의 방향을 알아맞혀 보세요.

1

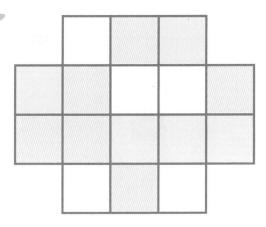

☐ : _____

☐ : _____

☐ : _____

2

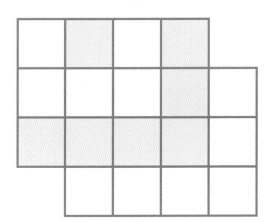

☐ : _____

☐ : _____

☐ : _____

☐ : _____

노란색이 있는 곳에서 아래로 나와야 하니까 노란색은 아래쪽으로 이동해야 해!

STEP 2 탐정과 범인 찾기

1 탐정과 범인이 자기만의 규칙으로 칸을 이동합니다. 규칙을 찾아 두 사람의 위치를 빈 곳에 써 보세요.

범인

탐정

3

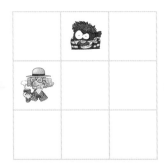

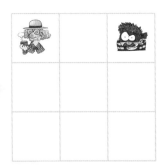

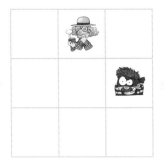

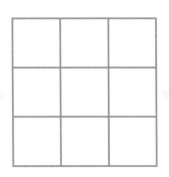

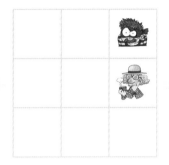

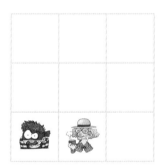

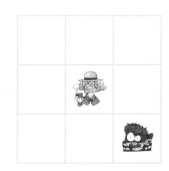

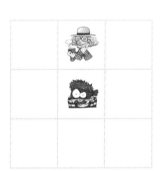

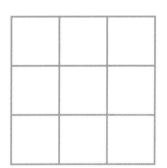

범인과 탐정이
이동하는 규칙을
잘 찾아봐!

색깔 공의 위치

1 3개의 색깔 공의 이동 규칙을 찾아 각 색깔 공의 위치를 빈 곳에 그려 보세요.

1

2

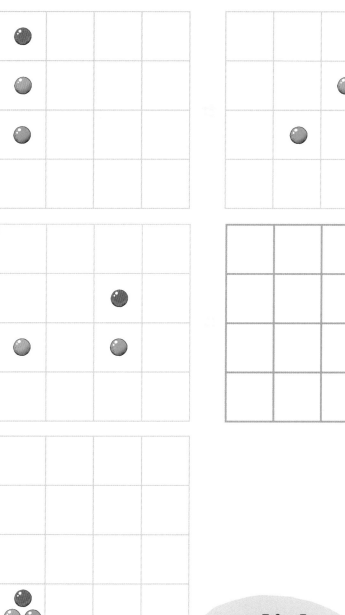

세 공은 서로 다른 규칙으로 움직이고 있어!

10 문장 추리

코어가 블랙스트리트 47길 510번 주택으로 다가가자 사람들이 나누는 대화 소리가 들려왔다. 그들은 모두 네 사람이었다. 코어는 건물에 몸을 숨기고 넷의 대화를 주의깊게 엿듣기 시작했다. 그들은 모두 직업이 달랐다. 대화를 듣다 보니 B는 의사가 아니고, D는 군인이라는 단서가 나왔다. 또 A와 B가 화가가 아니라는 전제가 있어서 B의 직업은 교사가 될 수밖에 없었다.

"좋아, B가 교사라면 A와 C는 화가나 의사 둘 중 하나가 되어야겠지."

그 모습을 본 코어는 재빨리 추리한 내용을 수첩에 써 보았다. 탐정 코어가 추리한 내용은 다음과 같았다.

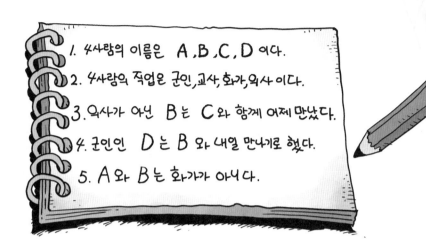

1. 4사람의 이름은 A, B, C, D 이다.
2. 4사람의 직업은 군인, 교사, 화가, 의사 이다.
3. 의사가 아닌 B는 C와 함께 어제 만났다.
4. 군인인 D는 B와 내일 만나기로 했다.
5. A와 B는 화가가 아니다.

코어는 누가 어떤 직업을 가졌는지 헷갈렸다.

"그런데 A가 화가가 아니라는 전제가 있으니 A가 의사인 셈이고, 남은 C의 직업은 화가가 되는 거야."

코어는 정리한 내용을 좀 더 쉽게 표로 정리해 보아야겠다고 생각했다.

코어는 서로 해당하는 것에만 동그라미를 표시하고 나머지는 ×표시를 하기로 했다.

	군인	교사	화가	의사
A	×		×	○
B	×	○	×	×
C	×		○	
D	○	×	×	×

"이제 다 돼 간다. 좋아, A는 교사일 수밖에 없으니 다른 사람은 절대 교사가 될 수 없겠지. 그러면 다른 사람들 칸엔 ×표를 하는 거야."

×표를 하나씩 해 나가자 정리가 깔끔하게 되었다.

	군인	교사	화가	의사
A	×	×	×	○
B	×	○	×	×
C	×	×	○	×
D	○	×	×	×

여기까지 정리한 코어는 눈을 감고 곰곰이 생각에 잠겼다.

"저 넷 중에 하나가 범인이라는 건데, 좀 전에 팔레트 그림은 무슨 힌트일까? 그게 범인의 직업을 나타내는 거라면 화가? 맞아! 지금까지 사건이 일어난 현장마다 그림이 있었어. 마을 회관에도 벽화가 있었고, 마을에도 벽화가 있었지."

코어는 범인의 집에서 발견한 물감과 붓 따위도 기억해 냈다.

"그래, 마을 회관에 폭발물을 설치한 범인은 바로 화가인 C였어!"

코어가 범인을 잡기 위해 건물 모퉁이에서 모습을 드러내자 기다렸다는 듯 C가 몸을 돌리며 빙긋이 코어를 쳐다보았다.

코어는 그의 얼굴에서 굵고 하얀 눈썹을 분명히 확인할 수 있었다.

그는 농부 분장을 하고 코어에게 땅을 나눠 달라던 그 사람이 틀림없었다.

STEP 1 문장 추리 (1)

범인은 코어를 놀리는 듯 또다시 달아났습니다. 코어는 범인을 쫓아갔습니다. 그런데 범인인 C는 하필 세 쌍둥이 형제들과 똑같은 옷을 입고 나란히 서 있었습니다. 코어는 그들의 대화를 엿들었습니다.

1 C, 쌍둥이1, 쌍둥이2, 쌍둥이3은 분홍색, 파란색, 빨간색, 흰색 중 서로 다른 색을 좋아합니다. 다음 대화를 읽고 네 사람이 좋아하는 색깔을 표를 이용하여 알아맞혀 보세요.

- C : 쌍둥이1은 분홍색을 좋아해.
- 쌍둥이3 : 쌍둥이2와 C는 빨간색을 좋아하지 않아.
- 쌍둥이1 : C와 쌍둥이3은 파란색을 좋아하지 않아.

	분홍색	파란색	빨간색	흰색
C				
쌍둥이1				
쌍둥이2				
쌍둥이3				

2 승우, 이슬, 나무, 잎새는 혈액형이 모두 다릅니다. 다음 대화를 읽고
네 사람의 혈액형을 표를 이용하여 알아맞혀 보세요.

> ● 승우 : 나무와 잎새의 혈액형은 AB형이 아니야.
> ● 나무 : 승우의 혈액형은 O형이네.
> ● 잎새 : 나무의 혈액형은 B형이 아니야.

	A	B	O	AB
승우				
이슬				
나무				
잎새				

단서들을 추려서 표에
○나 ✕로 표시해 봐!

STEP 2 문장 추리 (2)

1 사랑, 소원, 수정, 은수는 같은 아파트, 같은 동, 서로 다른 층에 살아요.
다음을 읽고 가장 아래층에 사는 친구부터 차례로 이름을 써 보세요.

- 사랑이네 집은 소원이와 은수네 집 사이에 있어.
- 소원이네 집에서 계단으로 1층 내려가면 수정이네 집이 있어.
- 은수네 집은 가장 윗층에 있어.

(   ) – (   ) – (   ) – (   )

2 사랑, 소원, 수정, 은수는 신체 검사에서 키를 재었어요. 다음을 읽고 키가 큰 사람부터 차례대로 이름을 써 보세요.

- 은수는 사랑이보다는 크고 수정이보다는 작아.
- 4명 중에 은수보다 키가 작은 사람은 2명이야.
- 키가 가장 작은 사람은 소원이야.

(   ) – (   ) – (   ) – (   )

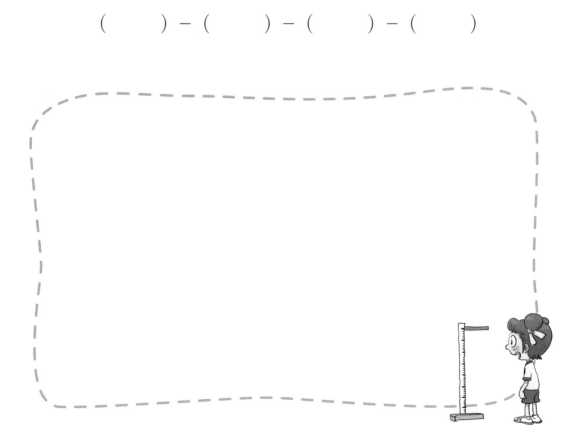

문장 추리 (2)

3 사랑, 소원, 수정, 은수, 지아는 체육대회에서 달리기를 했어요. 체육
대회가 끝나고 세 사람이 다음과 같이 말했어요. 같이 들어온 사람이 한
명도 없다고 할 때, 빨리 들어온 순서대로 써 보세요.

● 내 바로 앞에 사랑이가 들어갔고, 사랑이 바로 앞에는 소원이가 들어갔어.

● 내가 들어온 다음에 지아가 바로 들어왔어.

● 나보다 늦게 들어온 사람은 둘 있었는데, 은수와 사랑이였어.

(   ) – (   ) – (   ) – (   ) – (   )

4 사랑, 소원, 수정, 은수, 지아는 신체 검사에서 몸무게를 재었어요. 신체 검사가 끝나고 세 사람이 다음과 같이 말했어요. 몸무게가 무거운 사람부터 차례대로 써 보세요.

● 소원이는 수정이보다 4kg 더 무거워요.
● 지아는 은수보다 2kg 더 가볍지만 소원이보다 3kg 더 무거워요.
● 은수는 사랑이보다 1kg 더 무거워요.

(   ) − (   ) − (   ) − (   ) − (   )

말 한 사람이 서로 다르다는 것에 주의 해야 해!

문장 추리 (3)

1 태한, 연하, 재연, 정훈, 인성은 수영, 축구, 야구, 펜싱, 사격 중 한 가지 종목의 운동선수예요. 각자 어떤 종목의 운동선수인지 맞혀 보세요.

- 태한과 정훈은 공을 이용한 운동을 합니다.
- 물을 싫어하는 인성은 수영을 해 본 적이 없습니다.
- 사격 선수인 연하는 재연이와 친합니다.
- 정훈이는 경기 중에 꼭 모자를 씁니다.

	수영	축구	야구	펜싱	사격
태한					
연하					
재연					
정훈					
인성					

2 은서, 준수, 시우, 민아, 정주가 학교에 가요. 다음을 읽고 5명이 학교에 빨리 도착한 순서를 써 보세요.

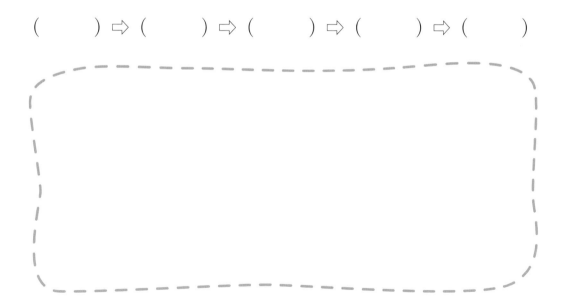

- 은서는 시우보다 5분 늦게 학교에 도착했어요.
- 민아와 정주는 학교 가는 길에 만났지만 민아가 문방구에 들르느라 정주보다 6분 늦게 학교에 도착했어요. 그때는 이미 수업 시작 종이 울리고 나서 3분 지난 뒤였어요.
- 준수는 수업 시작 10분 전에 학교에 와 있었어요.
- 은서가 도착했을 때 수업 시작 종이 막 울렸어요.

(   ) ⇨ (   ) ⇨ (   ) ⇨ (   ) ⇨ (   )

수업 시작 시간을 기준으로 생각해 봐!

하루에 몇 장씩 풀라고
공부 범위를 정해 주는 것이 아니라
스스로 자신의 공부 분량을 정해서 계획하도록 도와 주세요!
몇 개 맞는지 정답만 확인하는 것이 아니라 우리 아이가
어떤 부분을 어려워하며 개념을 이해하지 못하는지 살펴 주세요!
부모가 아이를 믿고 기다려 줄 때 우리 아이는 창의적인
문제해결력을 키울 수 있습니다.

일러두기

· **풀이**
문제에 대한 친절한 설명과 문제를 푸는 전략 및 포인트를 알려 줍니다. 또한 여러 가지
답이 있는 경우 예시 답을 밝혀 줍니다.

· **다른 풀이**
제시된 풀이 외에 다른 방법으로 답을 구할 수 있는 방법을 알려 줍니다.

· **생각 열기**
우리 주변의 생활 속에서 함께 생각해 볼 수 있는 상황들을 알려 주고, 문제의 의도나
수학적 사고력을 기를 수 있는 방법을 소개해 줍니다.

· **틀리기 쉬워요**
문제 풀이 과정에서 많은 초등학생이 어려워하거나 혼동하기 쉬운 부분을 짚어 줍니다.

· **참고**
문제를 풀면서 더 알아 두면 도움이 될 만한 참고 내용을 알려 줍니다.

정답과 풀이

STEP 1 수들의 차 (1)

범인을 또다시 어떤 문제로 코어를 시험 할지 모릅니다. 코어는 범인의
가방과 비슷한 문제들을 연습해 보았어요.

1 1부터 4까지의 수를 써넣어 옆에 있는 수들의 차가 서로 다르게 하려고
합니다. 물음에 답해 보세요.

① □ 안에 알맞은 수를 써넣으세요.

1부터 4까지의 수 중 두 수의 차로 나올 수
있는 수는 ⒈, ⒉, ⒊ 입니다.

② 퍼즐을 완성해 보세요.

2 1부터 5까지의 수를 써넣어 옆에 있는 수들의 차가 서로 다르게 하려고
합니다. 물음에 답해 보세요.

① □ 안에 알맞은 수를 써넣으세요.

1부터 5까지의 수 중 두 수의 차로 나올 수
있는 수는 ⒈, ⒉, ⒊, ⒋ 입니다.

② 수의 차가 4가 되려면 어떤 두 수를 항상 옆에 써야 할까요?

(1, 5)

③ 퍼즐을 완성해 보세요.

STEP 2 수들의 차 (2)

1 1부터 5까지의 수를 써넣어 옆에 있는 수들의 차가 서로 다르게 하려고
합니다. 빈칸에 알맞은 수를 써넣어 보세요.

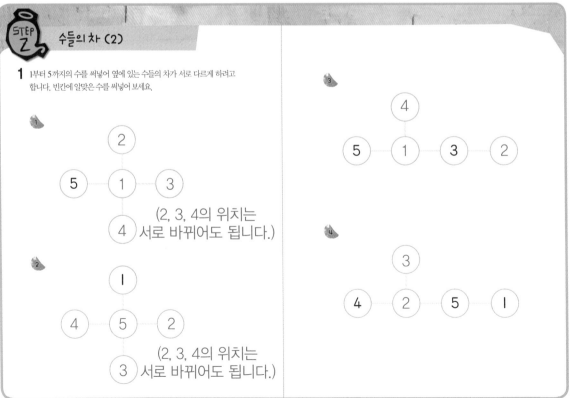

STEP 2 **수들의 차 (2)**

2 1부터 6까지의 수를 써넣어 옆에 있는 수들의 차가 서로 다르게 하려고
합니다. 빈칸에 알맞은 수를 써넣어 보세요.

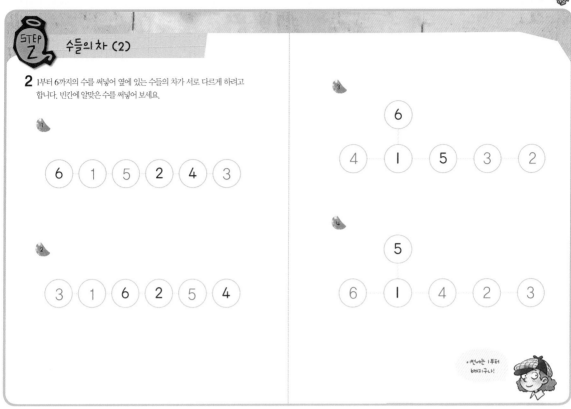

2

🏺 1부터 6까지의 수를 사용할 때 간격이
5개이므로 그 차이는 1부터 5까지가 됩니다.
최대 5가 되는 경우는 1과 6밖에 없으므로
1과 6은 붙어 있어야 합니다. 따라서 6 옆에는
1이 들어가야 합니다. 그 다음으로 차이가 4
가 되기 위해서는 1과 5 또는 2와 6이 붙어
있어야 하는데 2와 6은 떨어져 있으므로 1
옆에는 5가 와야 합니다.

남은 곳에 3을 넣고 확인하면 옆에 있는 수들
의 차는 1부터 5까지 나옵니다.

🏺 1부터 6까지의 수를 사용할 때 간격이
5개이므로 그 차이는 1부터 5까지가 됩니다.
차가 5가 되는 경우는 1과 6밖에 없으므로
1과 6은 붙어 있어야 합니다. 다음의 두 가지
경우 중 첫 번째의 경우는 다음과 같이 해결
되지만 두 번째의 경우는 차이가 1부터 5까
지 모두 나오는 경우가 없습니다.

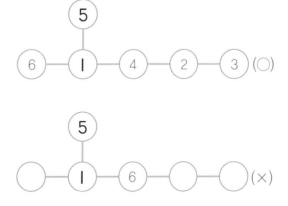

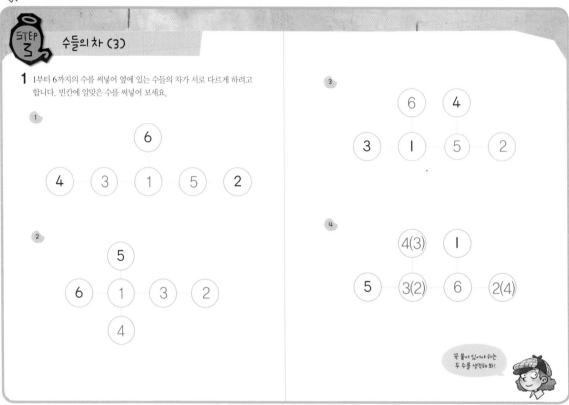

STEP 3 수들의차 (3)

1 1부터 6까지의 수를 써넣어 옆에 있는 수들의 차가 서로 다르게 하려고
합니다. 빈칸에 알맞은 수를 써넣어 보세요.

꼭 붙어 있어야 하는
두 수를 생각해 봐!

1

1 1부터 6까지의 수를 사용할 때 그 차이
는 1부터 5까지가 됩니다. 최대 5가 되는 경
우는 1과 6밖에 없으므로 1과 6은 붙어 있어
야 합니다. 그 다음으로 차이가 4가 되기 위
해서는 1과 5 또는 2와 6이 붙어 있어야 합니
다. 가능한 경우는 다음과 같습니다.

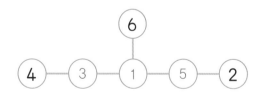

4 1부터 6까지의 수를 사용할 때 그 차이는
1부터 5까지가 됩니다. 최대 5가 되는 경우는
1과 6 밖에 없으므로 1과 6은 붙어 있어야 합
니다. 그 다음으로 차이가 4가 되기 위해서는
1과 5 또는 2와 6이 붙어 있어야 하는데 1과 5
는 떨어져 있으므로 2와 6이 붙어 있어야 합니
다. 따라서 차이가 1부터 5까지 모두 나오는
경우를 찾아보면 다음과 같습니다.

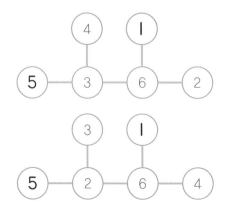

STEP 1 도형 나누기 (1)

농부들은 범인이 흘리고 간 도형 조각을 내놓았습니다. 코어는 농부들이
내민 조각을 뚫어지게 바라보았습니다.

1 다음 도형을 모양과 크기가 모두 같은 4개의 도형으로 나누어 보세요.
(단, 돌리거나 뒤집었을 때 같은 모양은 같다고 봅니다.)

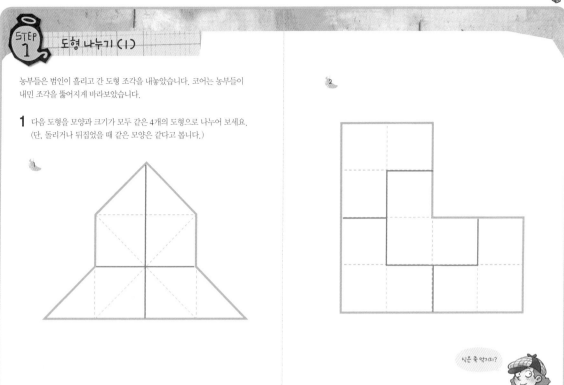

식은 죽 먹기지?

STEP 2 도형 나누기 (2)

1 다음 도형을 모양과 크기가 모두 같은 4개의 도형으로 나누어 보세요.

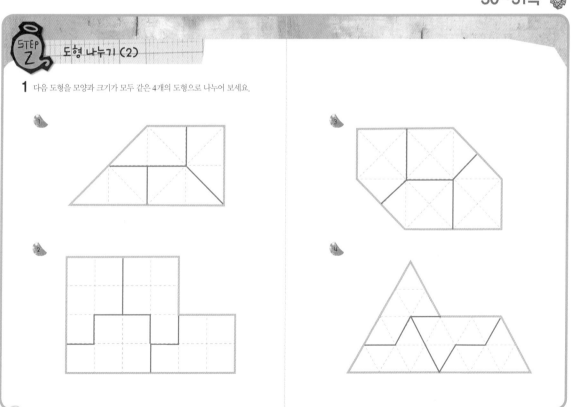

STEP 2 수의 합이 같게 나누기

2 다음의 땅을 모양과 크기가 모두 같은 4개의 땅으로 나누려고 해요. 이때 각 땅 안에 있는 수의 합도 같아지도록 나누어 보세요.

1 각 땅 안에 있는 수의 합이 17이 되도록 4개의 땅으로 나누어 보세요.

4	8	3	5
6	1	2	6
7	2	3	3
3	5	9	1

 2 각 땅 안에 있는 수의 합이 18이 되도록 4개의 땅으로 나누어 보세요.

3	6	4	5
6	2	3	9
7	1	4	3
4	5	8	2

어떤 모양이 4개의 땅으로 나누어질 수 있을까? 모양을 먼저 생각한 다음 확인해 봐!

STEP 3 땅 나누기

1 다음의 땅을 모양과 크기가 모두 같은 4개의 땅으로 나누려고 해요. 이때 각 땅 안에 흰 바둑돌 하나와 검은 바둑돌 하나가 반드시 들어 가게 나누어 보세요.

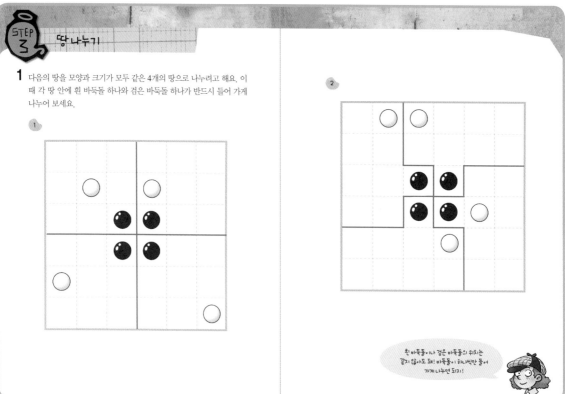

흰 바둑돌이나 검은 바둑돌의 위치는 같지 않아도 돼! 바둑돌이 하나씩만 들어 가게 나누면 되지!

STEP 1 벌집 퍼즐 (1)

어느덧 밤이 됐습니다. 코어가 등불을 빌리려고 이장을 찾아갔더니 벌집 퍼즐을 풀어야만 등불을 빌려줄 수 있다고 합니다.

1 1은 서로 떨어져 있고 2는 2개가 붙어 있고, 3은 3개가 붙어 있습니다. 1, 2, 3을 사용하여 다음 벌집 퍼즐을 해결하려고 합니다. 물음에 답해 보세요.

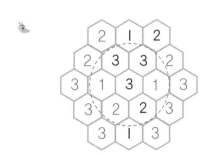

○에 들어갈 수 있는 수를 써 보세요.

(3)

나머지 부분을 완성해 보세요.

○ 안을 먼저 완성해 보세요.

나머지 부분을 완성해 보세요.

1이 들어갈 수 없는 자리를 알 수 있지!

1

 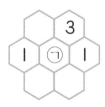

○에 2가 들어가면 3이 3개 붙지 못하므로 ○에는 3이 들어가야 합니다. 맨 아래에는 두 칸만 남았으므로 자연스럽게 2가 2개 들어감을 알 수 있습니다.

2 원 안의 부분을 먼저 해결하면, 아래에 1이 있고 3이 3개 있으므로 ○ 자리에는 2가 들어가야 합니다.

따라서 다음과 같이 해결할 수 있습니다.

이것을 바탕으로 나머지 부분을 완성해 봅니다.

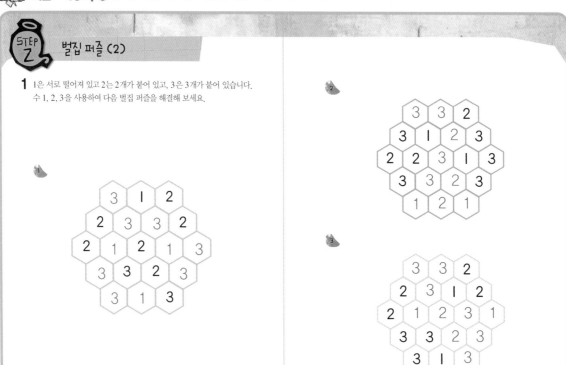

STEP 2 벌집 퍼즐 (2)

1 1은 서로 떨어져 있고 2는 2개가 붙어 있고, 3은 3개가 붙어 있습니다.
수 1, 2, 3을 사용하여 다음 벌집 퍼즐을 해결해 보세요.

1

문제에서 이미 2는 2개씩 붙어 있고 빈
곳을 살펴보면 2가 들어갈 수 있는 곳이 없
음을 알 수 있습니다. 따라서 1과 3을 어떻게
배치해야 할지를 생각해 봅니다.

㉠에는 1과 2 모두 들어갈 수 없으므로 3이 3
개 들어가야 합니다. ㉡에는 2와 3이 들어갈
수 없으므로 1이 들어가야 합니다. 이것을 바
탕으로 퍼즐을 해결해 봅니다.

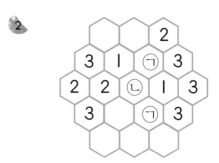

㉠에는 1과 3이 올 수 없으므로 2가 들어가야
합니다. ㉡에는 1과 2가 올 수 없으므로 3이
들어가야 합니다. 이것을 바탕으로 퍼즐을 해
결해 봅니다.

벌집 퍼즐 (2)

4
```
  3 2 3
 3 2 3 2
3 1 3 2 1
 2 2 1 3
  1 3 3
```

6
```
  3 3 2
 1 3 1 2
3 2 2 3 1
 3 3 1 3
  2 2 3
```

5
```
  2 3 1
 3 2 3 3
3 3 1 3 1
 2 2 3 2
  3 3 1
```

7
```
  3 2 1
 1 3 2 3
2 3 3 1 3
 3 1 2 3
  3 3 2
```

 1과 2 모두 들어갈 수 없는 곳에는 3이 들어가야 해.

 벌집 퍼즐 (3)

1 1은 서로 떨어져 있고 2는 2개가 붙어 있고, 3은 3개가 붙어 있습니다.
1, 2, 3을 사용하여 다음 벌집 퍼즐을 해결해 보세요.

1

2
```
  2 1 2 2
 1 2 3 1 3
2 3 3 2 3
2 1 2 1 2 1 2
3 2 3 3 2
 3 1 3 2 1
  2 2 1 2
```

벌집이 너무 커졌어! 하지만 풀 수 있겠지?

STEP 1 곱셈구구 (1)

범인의 집 바닥에도 곱셈구구 퍼즐이 그려져 있었습니다. 코어는 퍼즐을 쉽게 해결하기 위해 빈칸에 ㉠, ㉡, ㉢ 기호를 써보았습니다.

1 다음 물음에 답해 보세요.

㉠7	×	×	㉡9	63
×	5	7	×	35
×	6	×	4	24
㉢8	×	5	×	40
56	30	35	36	

㉠×㉡=63이고, ㉠×㉢=56입니다. 곱셈구구 중 63과 56이 모두 나오는 것은 몇의 단인지 답하고, ㉠에 알맞은 수를 구하세요.

> 7의 단, ㉠=7

㉡과 ㉢에 알맞은 수를 각각 구해 보세요.

> ㉡=9, ㉢=8

퍼즐을 완성해 보세요.

㉠9	×	×	㉡3	27
×	6	9	×	54
㉢6	×	3	×	18
×	8	×	4	32
54	48	27	12	

㉠×㉡=27이고, ㉠×㉢=54입니다. 곱셈구구 중 27과 54가 모두 나오는 것은 몇의 단인지 답하고, ㉠에 알맞은 수를 구하세요.

> 9의 단, ㉠=9

㉡과 ㉢에 알맞은 수를 각각 구해 보세요.

> ㉡=3, ㉢=6

퍼즐을 완성해 보세요.

27과 54는 몇의 단에서 나오지?

54~55쪽

STEP 2 곱셈구구 (2)

1 빈칸에는 1부터 9까지의 수가 들어갈 수 있으며, 표의 오른쪽과 아래쪽에 있는 수는 그 줄에 있는 두 수를 곱한 값입니다. ×표시가 있는 칸에는 숫자를 써넣을 수 없습니다. 곱셈구구 퍼즐을 해결해 보세요.

×	7	6	×	42
7	×	×	9	63
×	5	×	4	20
8	×	4	×	32
56	35	24	36	

8	×	×	3	24
×	3	7	×	21
×	6	×	4	24
9	×	7	×	63
72	18	49	12	

5	×	×	8	40
×	4	9	×	36
7	×	3	×	21
×	6	×	2	12
35	24	27	16	

STEP 2 곱셈구구 (2)

2 표의 오른쪽과 아래쪽에 있는 수는 그 줄에 있는 두 수를 곱한 값입니다. ×표시가 있는 칸에는 숫자를 써넣을 수 없으며, ×표시가 없더라도 수가 없는 칸이 있으니 주의해서 곱셈구구 퍼즐을 해결해 보세요.

1

×	×	7	5	×	35
×	5	6		×	30
9				4	36
×	8		×	6	48
3	×	×	4	×	12
27	40	42	20	24	

2

×	6		4	×	24
7	×	9		×	63
×	5	×	×	4	20
	×	8	7	×	56
3	×	×	×	8	24
21	30	72	28	32	

3

×	×	5	7	×	35
9	×		6	×	54
	8	×	×	3	24
×	×	8	×	7	56
5	4	×		×	20
45	32	40	42	21	

두 칸만 비어 있는 줄부터 채워 넣어 봐!

2

×	×	㉠	㉡	×	35
×				×	30
	×		×		36
×		×	×		48
㉢	×	×	㉣	×	12
27	40	42	20	24	

㉠×㉡이 35가 되려면 ㉠과 ㉡은 7 또는 5여야 합니다. 이때 세로줄을 살펴보면 42는 7의 단, 20은 5의 단에서 나올 수 있는 결과이므로 ㉠은 7, ㉡은 5여야 합니다. ㉢과 ㉣의 곱은 12이므로 3, 4 또는 2, 6이어야 합니다. 이때 세로줄의 곱셈 결과를 보았을 때 ㉢은 3, ㉣은 4여야 합니다. 이것을 바탕으로 퍼즐을 해결해 봅니다.

×	㉢	㉣	㉤	×	24
	×			×	63
×	㉡	×	×	㉠	20
	×			×	56
	×	×	×	8	24
21	30	72	28	32	

㉠과 8의 곱은 32이므로 ㉠=4입니다. 이것을 이용하면 차례로 ㉡=5, ㉢=6을 구할 수 있습니다.

㉣ 또는 ㉤ 자리에 4를 써야 하는데 ㉣에 4를 쓰는 경우 곱셈구구의 4의 단에서는 72가 나오지 않으므로 ㉤에 4를 씁니다. 이것을 바탕으로 퍼즐을 해결해 봅니다.

STEP 3 복잡한 곱셈구구

1 표의 오른쪽과 아래쪽에 있는 수는 그 줄에 있는 두 수를 곱한 값입니다. ×표시가 있는 칸에는 숫자를 써넣을 수 없으며, ×표시가 없더라도 수가 없는 칸이 있으니 주의해서 곱셈구구 퍼즐을 해결해 보세요.

①

	4	×		7	28
	×	8	6		48
8		×		5	40
	9		7	×	63
3		7	×	×	21
24	36	56	42	35	

②

	×	9		9		81
4	4		×			16
×	7			6		42
	6			×	5	30
7	×		7			49
×		8		3		24
28	42	32	63	18	45	

5의 단이 쓰이는 경우는 45와 30밖에 없으니, 5가 놓일 자리를 알겠어!

1

①

	4	×		㉤	28
	×			×	48
	×	×	×	㉡	40
	㉠			×	63
㉢	×	㉣	×	×	21
24	36	56	42	35	

63은 9와 7의 곱으로 구할 수 있는데 9의 단의 계산으로 나올 수 있는 수는 36이므로 ㉠에는 9가 들어가야 합니다. ㉠이 있는 세로줄에서 4가 들어갈 수 없는 곳에는 ×표시를 합니다. 21과 40은 곱셈구구 4의 단에서는 나오지 않으므로 남는 곳인 가장 위의 칸에 4를 씁니다. 가로줄 40은 8과 5의 곱으로 구할 수 있는데

세로줄에서 5의 단의 계산으로 나올 수 있는 수는 35이므로 ㉡에 5가 들어가야 합니다. 세로줄 35는 5와 7의 곱으로 이루어지는데 48은 7의 단에서 나올 수 없으므로 ㉤에 7이 들어가야 합니다. ㉢과 ㉣은 3과 7 중 하나이므로 ㉢은 3, ㉣은 7이 됩니다.
이와 같은 방법으로 나머지 칸을 채워 문제를 해결해 봅니다.

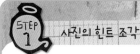
STEP 1 사진의 힌트 조각

집 안을 샅샅이 살피던 코어는 서랍에서 낡은 사진을 발견했습니다. 그 사진의 주인공들은 얼굴이 모두 오려진 상태였고, 밑에 이름이 쓰여 있습니다.

1 8명의 친구들이 두 줄로 서서 사진을 찍었습니다. 힌트 조각을 보고 친구들이 어떻게 서 있었는지 이름을 완성해 보세요.

지후	민지	시아	수정
우진	주영	재민	준호

준현	진수	은지	채린
은우	민채	주호	혁기

STEP 2 이름 맞히기

1 힌트 조각을 보고 4명의 친구들의 성과 이름을 맞혀 보세요.

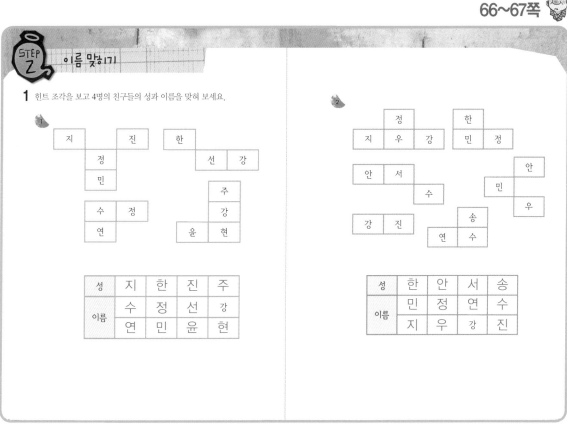

성	지	한	진	주
이름	수	정	선	강
	연	민	윤	현

성	한	안	서	송
이름	민	정	연	수
	지	우	강	진

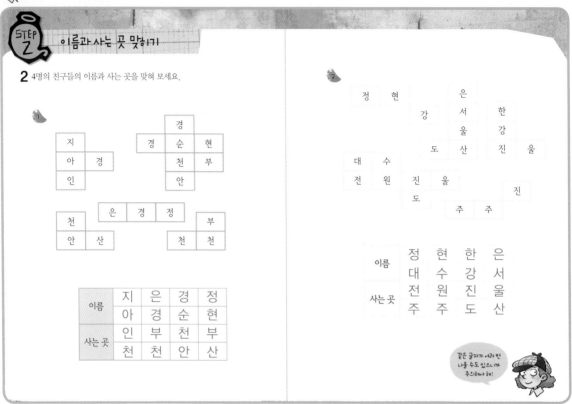

STEP 2 이름과 사는 곳 맞히기

2 4명의 친구들의 이름과 사는 곳을 맞혀 보세요.

이름	지	은	경	정
	아	경	순	현
사는 곳	인	부	천	부
	천	천	안	산

이름	정	현	한	은
	대	수	강	서
사는 곳	전	원	진	울
	주	주	도	산

같은 글자가 여러 번 나올 수도 있으니까 주의해야 해!

2

조각을 직접 만들어 퍼즐 맞추기로 해결할 수도 있지만 처음부터 구체물을 사용하지 않고 조각 모양을 이용하여 논리적으로 퍼즐을 해결해 봅니다. 글자와 퍼즐의 위치를 고려해서 생각해 보면

지	
아	경
인	

에서 '아, 경'과

	경	
경	순	현
	천	부
	안	

에서 '경, 순, 현'을 연결하면 다음과 같이 맞출 수 있습니다.

이름	지		경	
	아	경	순	현
사는 곳	인		천	부
			안	

나머지 조각들 중 같은 글자가 겹쳐서 들어갈 수 있는 곳을 생각하면 퍼즐을 완성할 수 있습니다.

STEP 3 나라 맞히기

1 각 나라의 국기와 이름, 수도를 맞혀 빈칸을 채워 보세요. 단, 국기가
들어갈 자리에는 해당 번호를 써넣으세요.

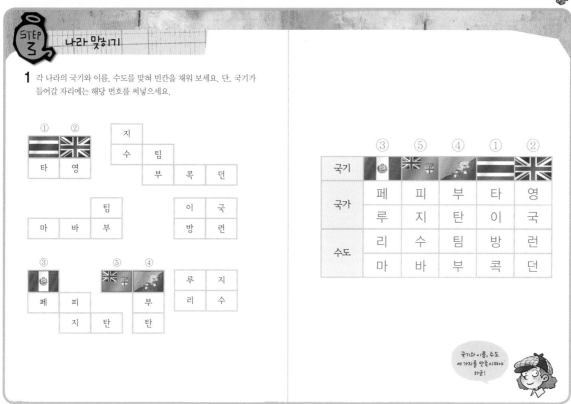

국기과 이름, 수도
세 가지를 맞추어야
하군!

1

글자 '지'를 중심으로 퍼즐 조각의 위치를 맞추
어 보면 다음과 같이 맞출 수 있습니다.

국기	③				
국가	페	피			
		지	탄		
수도		수	팀		
			부	콕	던

남은 조각들을 이용하여 비어 있는 부분을 맞
추어 나갑니다. 특히 국기는 가장 위쪽에 놓이
므로 이것을 활용하면 보다 쉽게 문제를 해결
할 수 있습니다.

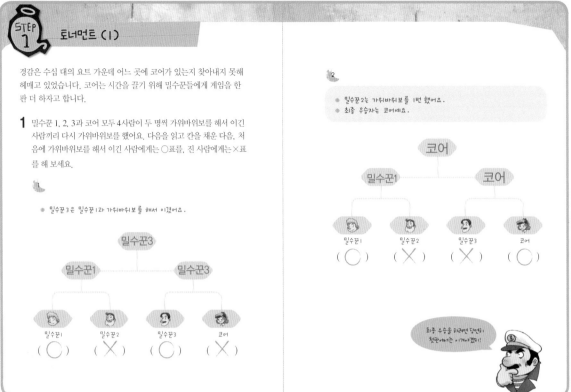

1

🐌 밀수꾼1과 밀수꾼3은 1회전에서 서로 다른 사람과 가위바위보를 하므로 밀수꾼3이 밀수꾼1을 이기려면 두 사람은 2회전에서 만나야 합니다. 따라서 1회전에서 이긴 사람은 밀수꾼1과 밀수꾼3이고, 진 사람은 밀수꾼2와 코어입니다.

🐌 밀수꾼2는 가위바위보를 1번만 했으므로 밀수꾼2는 1회전에서 진 것입니다. 그러므로 1회전에서 밀수꾼2와 가위바위보를 한 밀수꾼1이 이겼고, 최종 우승자는 코어이므로 1회전에서 밀수꾼3은 지고 코어는 이긴 것입니다.

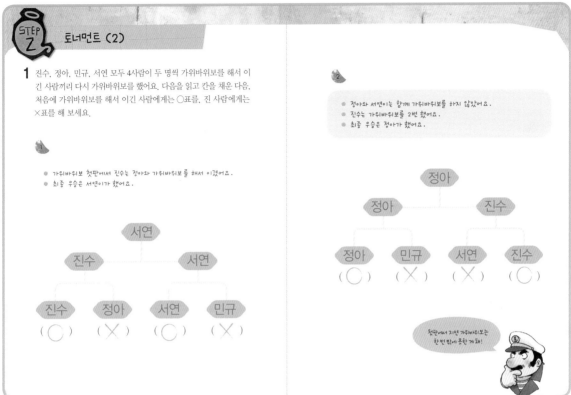

STEP 2 토너먼트 (2)

1 진수, 정아, 민규, 서연 모두 4사람이 두 명씩 가위바위보를 해서 이긴 사람끼리 다시 가위바위보를 했어요. 다음을 읽고 칸을 채운 다음, 처음에 가위바위보를 해서 이긴 사람에게는 ○표를, 진 사람에게는 ×표를 해 보세요.

①
- 가위바위보 첫판에서 진수는 정아와 가위바위보를 해서 이겼어요.
- 최종 우승은 서연이가 했어요.

②
- 정아와 서연이는 함께 가위바위보를 하지 않았어요.
- 진수는 가위바위보를 2번 했어요.
- 최종 우승은 정아가 했어요.

첫판에서 지면 가위바위보는 한 번 밖에 못한 게돼!

1

① 1회전에서 진수는 정아와 가위바위보를 했으므로 서연이는 민규와 가위바위보를 합니다. 1회전에서 진수는 정아를 이기고, 최종 우승은 서연이 했으므로 1회전에서 서연이는 민규를 이겼습니다.

② 최종 우승은 정아가 했으므로 정아는 2번 가위바위보를 했고, 진수도 2번 가위바위보를 했습니다. 정아와 서연이는 가위바위보를 하지 않았으므로 서연이는 진수와 가위바위보를 했고 정아는 민규와 가위바위보를 했습니다. 2번 가위바위보를 한 진수와 정아는 1회전에서 이겼고, 서연이와 민규는 1회전에서 졌습니다.

STEP 2 토너먼트 (2)

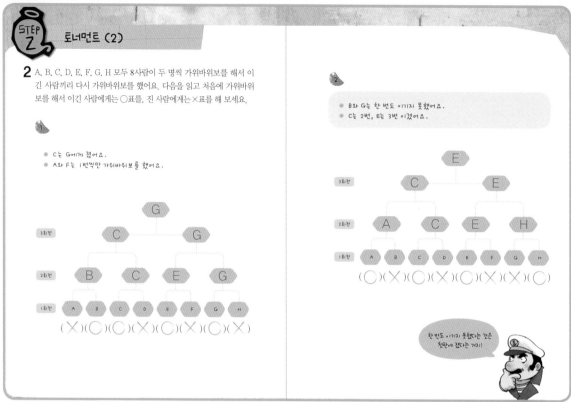

2 A, B, C, D, E, F, G, H 모두 8사람이 두 명씩 가위바위보를 해서 이긴 사람끼리 다시 가위바위보를 했어요. 다음을 읽고 처음에 가위바위보를 해서 이긴 사람에게는 ○표를, 진 사람에게는 ×표를 해 보세요.

1

● C는 G에게 졌어요.
● A와 F는 1번씩만 가위바위보를 했어요.

3회전 G
2회전 C   G
       B   C   E   G
1회전 A B C D E F G H
      (×)(○)(○)(×)(○)(×)(○)(×)

2

● B와 G는 한 번도 이기지 못했어요.
● C는 2번, E는 3번 이겼어요.

3회전 E
       C   E
2회전 A   C   E   H
1회전 A B C D E F G H
      (○)(×)(○)(×)(○)(×)(×)(○)

한 번도 이기지 못했다는 것은 첫판에 졌다는 거지!

2

🪨 C와 G는 1회전과 2회전에서는 만날 수 없으므로 3회전에 만나게 됩니다.
C와 G가 3회전에서 만나려면 1회전에서 C는 D에게 이기고 G는 H에게 이겨야 합니다. A와 F는 1번씩만 가위바위보를 했으므로 A와 F는 1회전에서 졌고 B와 E가 1회전에서 이겼음을 알 수 있습니다.

🪨 B와 G는 한 번도 이기지 못했으므로 1회전에서 B와 G는 지고 A와 H는 이겼습니다.
C는 2번, E는 3번 이겼으므로 C와 E는 3회전에서 만나게 됩니다. C와 E가 3회전에서 만나려면 1회전에서 C는 D에게 이기고 E는 F에게 이겨야 합니다.

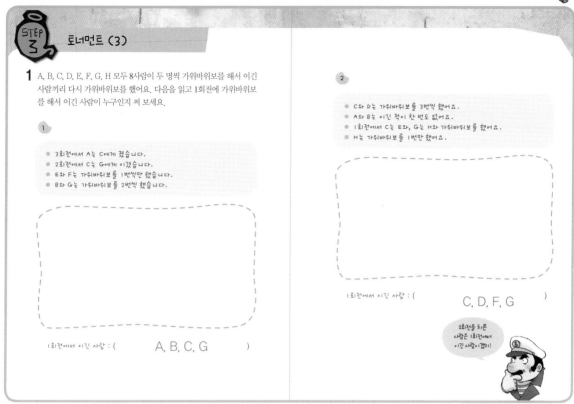

STEP 3 **토너먼트 (3)**

1 A, B, C, D, E, F, G, H 모두 8사람이 두 명씩 가위바위보를 해서 이긴 사람끼리 다시 가위바위보를 했어요. 다음을 읽고 1회전에 가위바위보를 해서 이긴 사람이 누구인지 써 보세요.

①

- 3회전에서 A는 C에게 졌습니다.
- 2회전에서 C는 G에게 이겼습니다.
- E와 F는 가위바위보를 1번씩만 했습니다.
- B와 G는 가위바위보를 2번씩 했습니다.

1회전에서 이긴 사람 : (A, B, C, G)

②

- C와 D는 가위바위보를 3번씩 했어요.
- A와 B는 이긴 적이 한 번도 없어요.
- 1회전에서 C는 E와, G는 H와 가위바위보를 했어요.
- H는 가위바위보를 1번만 했어요.

1회전에서 이긴 사람 : (C, D, F, G)

2회전을 치른 사람은 1회전에서 이긴 사람이겠지!

1

1회전에서 이긴 사람만 맞추면 되는 문제입니다.

① 3회전에서 A와 C가 만났으므로 A와 C는 1회전에서 이겼습니다.

2회전에서 C와 G가 만났으므로 C와 G 역시 1회전에서 이겼습니다.

E와 F는 가위바위보를 1번씩만 하고 끝났으므로 1회전에서 졌습니다.

B와 G는 가위바위보를 2번씩 했으므로 1회전에서 이겼습니다.

따라서 1회전에서 이긴 사람은 A, B, C, G입니다.

② C와 D는 가위바위보를 3번씩 했으므로 1회전에서 이겨서 2회전과 3회전까지 한 경우입니다.

A와 B는 이긴 적이 한 번도 없으므로 1회전에서 졌습니다.

1회전에서 C는 E와 가위바위보를 했으므로 C가 이기고 E가 졌습니다.

1회전에서 G는 H와 했는데 H는 가위바위보를 1번만 했으므로 G가 이기고 H가 졌습니다.

따라서 1회전에서 진 사람이 A, B, E, H이므로 나머지 4명인 C, D, F, G가 이겼습니다.

STEP 1 부등호 퍼즐 (1)

금고의 문이 열리자 그 속에는 작은 금고가 또 들어 있습니다. 작은 금고
역시 큰 금고와 마찬가지로 비밀번호가 걸려 있습니다.

1 1부터 3까지의 수를 부등호의 방향에 맞게 9개의 빈칸에 써넣어 부등
호 퍼즐을 완성하려고 해요. 물음에 답해 보세요.

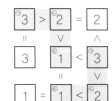

```
③3 > ⓒ2 = 2
 ∥      ∨   ∧
 3     ⓒ1 < ③3
        ∥       ∨
 1 = ⓒ1 < ⓒ2
```

⊙, ⓒ, ⓒ에 들어갈 알맞은 수를 찾아 써넣어 보세요.

⊙=(3), ⓒ=(2), ⓒ=(1)

나머지 빈칸을 모두 채워 보세요.

채워진 수와 부등식이 모두 맞는지 확인해 보세요.

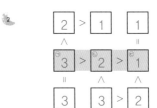

```
 2 > 1    1
 ∧        ∥
③3 > ⓒ2 > ⓒ1
 ∥    ∧    ∧
 3    3 > 2
```

⊙, ⓒ, ⓒ에 들어갈 알맞은 수를 찾아 써넣어 보세요.

⊙=(3), ⓒ=(2), ⓒ=(1)

나머지 빈칸을 모두 채워 보세요.

채워진 수와 부등식이 모두 맞는지 확인해 보세요.

한 줄만 채우면 스스로
풀리는걸!

 90~91쪽

STEP 2 부등호 퍼즐 (2)

1 1부터 3까지의 수를 부등호의 방향에 맞게 빈칸에 써넣어 부등호
퍼즐을 해결해 보세요.

```
 1 = 1 < 2
      ∧   ∧
 2 = 2 < 3
 ∨   ∧
 1 < 3 = 3
```

```
 1 < 2    1
      ∧    ∧
 1    3 > 2
 ∧    ∥    ∧
 2 < 3    3
```

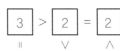

```
 3 > 2 = 2
 ∥   ∨   ∧
 3    1 < 3
 ∥        ∨
 1 = 1 < 2
```

20

STEP 2 부등호 퍼즐 (2)

2 1부터 4까지의 수를 부등호의 방향에 맞게 빈칸에 써넣어 부등호 퍼즐을 해결해 보세요.

```
4 > 1 = 1 < 2
∨     ∧   ∧   ∧
3 < 4   2 < 3
∨         =   ∧
2   4   2   4
∨   ∨   ∧   =
1   3 = 3 < 4
```

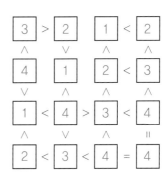

```
3 > 2   1 < 2
∧   ∨   ∧   ∧
4   1   2 < 3
∨   ∧   ∧   ∧
1 < 4 > 3 < 4
∧   ∨   ∧   =
2 < 3 < 4 = 4
```

부등호의 방향이 한 방향으로 연결된 곳을 찾아봐!

2

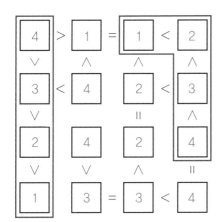

```
4 > 1 = 1 < 2
∨     ∧   ∧
3 < 4   2 < 3
∨         =   ∧
2   4   2   4
∨   ∨   ∧   =
1   3 = 3 < 4
```

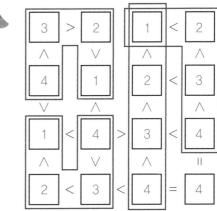

```
3 > 2   1 < 2
∧   ∨   ∧   ∧
4   1   2 < 3
∨   ∧   ∧   ∧
1 < 4 > 3 < 4
∧   ∨   ∧   =
2 < 3 < 4 = 4
```

부등호가 한쪽 방향으로 연결된 곳을 찾으면 위와 같습니다. 이 부분에 차례로 1, 2, 3, 4를 채운 후에 등호를 활용하여 수를 채우고 나머지 부분은 부등호를 확인하며 채워 완성합니다.

STEP 3 부등호 퍼즐 (3)

1 1부터 5까지의 수를 부등호의 방향에 맞게 20개의 빈칸에 써넣어 부등호 퍼즐을 해결해 보세요.

①

```
2 > 1 < 2 < 3 < 4
=       ∧       ∧       ∧       ∧
2 < 3 < 4 = 4 < 5
∧       ∧       =       ∨       ∨
3 < 4 = 4 > 3 < 4
∧       ∧       ∨       ∨       ∧
4 < 5 > 3 > 2 > 1
```

②

```
5 > 2 = 2 < 3 = 3
∨       ∨       ∧       ∧       ∧
4   1 < 3 < 4 < 5
∨               ∨       ∨       ∨
3 > 1 < 2 < 3 < 4
∨       =       ∧       ∧       ∧
2 > 1 < 4 = 4 < 5
```

1부터 5까지 부등호가
한 방향으로 연결된 부분을
찾아봐!

1

 부등호가 한쪽 방향으로 연결된 곳을 찾으면 아래와 같습니다. 이 부분에 차례로 1, 2, 3, 4, 5를 채운 후에 등호를 활용하여 수를 채우고 나머지 부분은 부등호를 확인하며 채워 완성합니다.

```
2 > 1 < 2 < 3 < 4
=       ∧       ∧       ∧       ∧
2 < 3 < 4 = 4 < 5
∧       ∧       =       ∨       ∨
3 < 4 = 4 > 3 < 4
∧       ∧       ∨       ∨       ∧
4 < 5 > 3 > 2 > 1
```

②

```
5 > 2 = 2 < 3 = 3
∨       ∨       ∧       ∧       ∧
4   1 < 3 < 4 < 5
∨               ∨       ∨       ∨
3   1 < 2 < 3 < 4
∨       =       ∧       ∧       ∧
2 > 1 < 4 = 4 < 5
```

STEP 1 색깔 네모 (1)

낮이 되자 코어의 집 앞에 훨씬 많은 색깔 네모가 그려져 있습니다. 아이들이 범인의 낙서를 흉내내어 문제를 내고 있는 것입니다.

1 같은 색깔에는 같은 수가 들어가요. 다음 식에 맞도록 색깔 네모 안에 알맞은 수를 써넣어 보세요.

①
```
    4  8
 +  5  9
 ─────────
 1  0  7
```

②
```
    4  9
 +  7  1
 ─────────
 1  2  0
```

③

```
    9  5
 -  4  7
 ─────────
    4  8
```

④

```
    8  6
 -  1  8
 ─────────
    6  8
```

STEP 2 색깔 네모 (2)

1 같은 색깔에는 같은 수가 들어가요. 다음 식에 맞도록 색깔 네모 안에 알맞은 수를 써넣어 보세요.

①
```
    5  1
 +  5  9
 ─────────
 1  1  0
```

②
```
    5  6
 +  6  5
 ─────────
 1  2  1
```

③
```
    2  4  6
 +     8  3
 ──────────
    3  2  9
```

④
```
    8  7
 -  3  4
 ─────────
    5  3
```

⑤
```
    6  2
 -  4  6
 ─────────
    1  6
```

⑥
```
 1  6  4
 -  8  6
 ─────────
    7  8
```

정답과 풀이 **23**

STEP 2 색깔네모 (2)

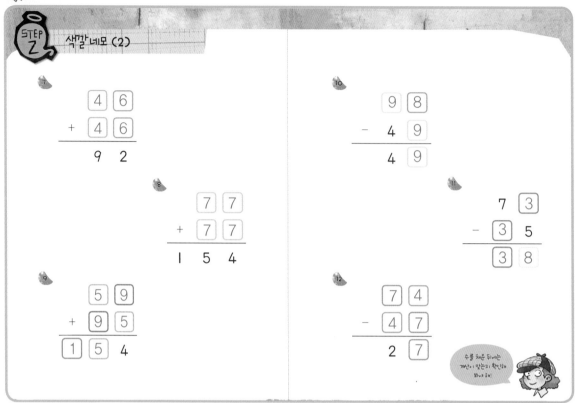

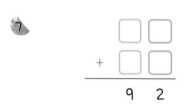

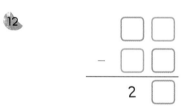

□에 1이 들어가는 경우 □ 2개의 합이 홀수인 9가 되어야 하므로 불가능합니다. 따라서 받아올림을 생각해서 □에는 6이 들어가고 □에는 4가 들어감을 알 수 있습니다.

[다른 풀이]
똑같은 두 수를 더해서 92가 되는 경우는 92의 반인 46이 됩니다.

십의 자리를 살펴보면 □가 □보다 큰 수여야 하므로 받아내림이 있다는 것을 알 수 있습니다. 일의 자리에서 □ 2개의 합은 10+□과 같아야 하므로 □은 6, 7, 8, 9 중 하나의 수입니다. 각각의 경우를 넣어 생각해 보면 □는 7, □는 4여야 합니다.

STEP 3 색깔네모 (3)

1 같은 색깔에는 같은 수가 들어가요. 물음에 답해 보세요.

①

```
    9 9
  + 9 9
  1 9 8
```

□ 안에 들어갈 알맞은 수를 구해 채워 보세요.

같은 두 자리 수 2개를 더해서 세 자리 수가 되었습니다.
□ 안에 들어갈 수로 가능한 수를 모두 써 보세요.

5, 6, 7, 8, 9

의 경우들 중 식을 만족하는 경우를 찾아 채워 보세요.

②

```
  1 3 6
  - 6 3
    7 3
```

□ 안에 들어갈 알맞은 수를 구해 채워 보세요.

□ 안에 들어갈 수가 0부터 9까지의 수 중 어떤 수인지 찾아 식을 완성해 보세요.

□-□=□가 되려면 에
 가나 9과 같은 큰수들이 들어갈 수
있을까?

1

①

```
      □ □
  +   □ □
  □ □ □
```

두 자리 수 2개를 더해서 세 자리 수가 나오는 경우이므로 □은 1이어야 하고, □은 5, 6, 7, 8, 9 중 하나의 수여야 합니다. 이 수들을 넣어 보면 □이 9인 99+99=198인 경우가 조건을 만족합니다.

2

```
  1 3 6
  - 6 3
    7 3
```

세 자리 수에서 두 자리 수를 빼서 두 자리 수가 나왔으므로 □은 1이어야 합니다. 일의 자리에서 □ 2개의 합이 □과 같으므로 □은 짝수인 2, 4, 6, 8 중 하나입니다. 0인 경우 □이 십의 자리에도 있으므로 불가능합니다.
따라서 이 중 가능한 경우를 찾아보면 136−63=73 입니다.

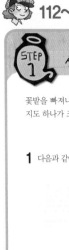

STEP 1 색깔대로

꽃밭을 빠져나온 코어가 어디로 가야 할지 두리번거리고 있을 때 색깔 지도 하나가 코어의 발 아래 툭 떨어졌습니다.

1 다음과 같이 움직인다고 할 때 이동하는 길을 그려 보세요.

〈규칙〉

□ : 　□ : 　□ :

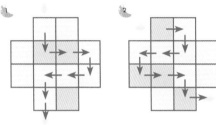

2 각 색깔이 위쪽, 아래쪽, 오른쪽, 왼쪽 중 어느 방향으로 이동하는지 찾아 길을 그려 보고, 색깔의 방향을 알아맞혀 보세요.

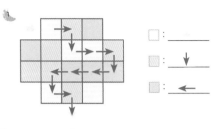

□ : ＿＿＿
▨ : ↓ ＿＿
▩ : ← ＿＿

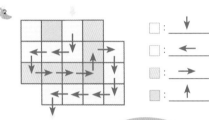

□ : ↓ ＿＿
□ : ← ＿＿
▨ : → ＿＿
▩ : ↑ ＿＿

STEP 2 탐정과 범인 찾기

1 탐정과 범인이 자기만의 규칙으로 칸을 이동합니다. 규칙을 찾아 두 사람의 위치를 빈 곳에 써 보세요.

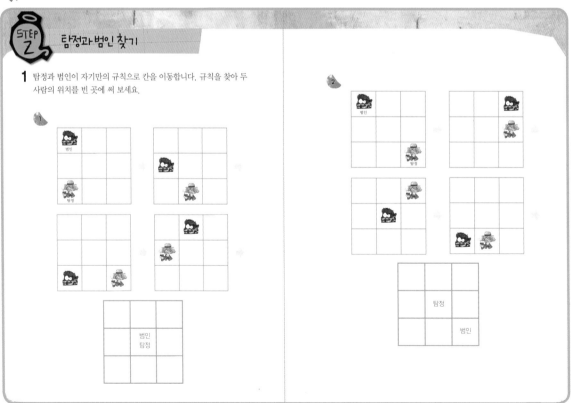

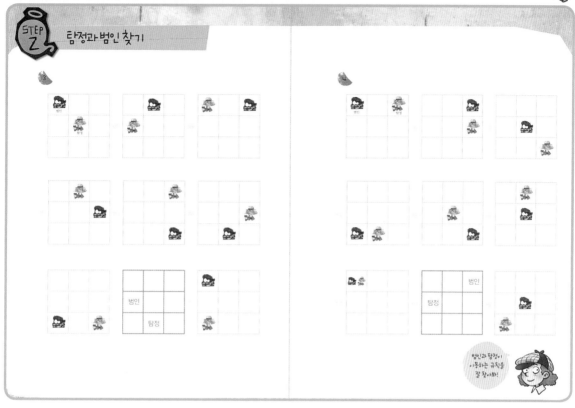

범인과 탐정이 이동하는 규칙을 잘 찾아봐!

3 범인과 탐정의 이동을 선으로 그어 보면 다음과 같은 방향으로 1칸씩 이동하고 있습니다.

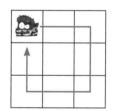 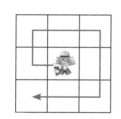

4 범인은 2칸씩 큰 8자 모양으로 이동하기를 반복하고 있습니다.

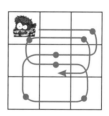

탐정은 1칸씩 세로 방향으로 움직여 오른쪽에서 왼쪽으로 이동하고 있습니다.

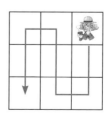

STEP 3 색깔 공의 위치

1 3개의 색깔 공의 이동 규칙을 찾아 각 색깔 공의 위치를 빈 곳에 그려 보세요.

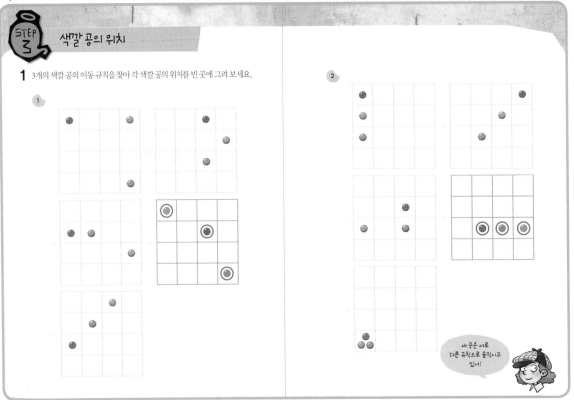

세 공은 서로 다른 규칙으로 움직이고 있어!

1

① 빨간공은 2칸씩 다음과 같이 움직입니다.

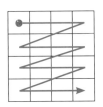

파란색 공은 세로 방향으로 1칸씩 움직여 오른쪽에서 왼쪽으로 이동하고 있습니다.

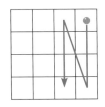

초록색 공은 대각선으로 움직이고 있습니다.

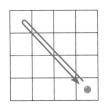

② 빨간색 공은 3칸씩, 파란색 공은 2칸씩, 초록색 공은 1칸씩 건너뛰며 가로 방향으로 움직여 위에서 아래로 이동하고 있습니다.

범인은 코어를 놀리는 듯 또다시 달아났습니다. 코어는 범인을 쫓아갔습니다. 그런데 범인인 C는 하필 세 쌍둥이 형제들과 똑같은 옷을 입고 나란히 서 있었습니다. 코어는 그들의 대화를 엿들었습니다.

1 C, 쌍둥이1, 쌍둥이2, 쌍둥이3은 분홍색, 파란색, 빨간색, 흰색 중 서로 다른 색을 좋아합니다. 다음 대화를 읽고 네 사람이 좋아하는 색깔을 표를 이용하여 알아맞혀 보세요.

- C : 쌍둥이1은 분홍색을 좋아해.
- 쌍둥이3 : 쌍둥이2와 C는 빨간색을 좋아하지 않아.
- 쌍둥이1 : C와 쌍둥이3은 파란색을 좋아하지 않아.

	분홍색	파란색	빨간색	흰색
C		×	×	○
쌍둥이1	○			
쌍둥이2		○	×	
쌍둥이3		×	○	

2 승우, 이슬, 나무, 잎새는 혈액형이 모두 다릅니다. 다음 대화를 읽고 네 사람의 혈액형을 표를 이용하여 알아맞혀 보세요.

- 승우 : 나무와 잎새의 혈액형은 AB형이 아니야.
- 나무 : 승우의 혈액형은 O형이네.
- 잎새 : 나무의 혈액형은 B형이 아니야.

	A	B	O	AB
승우			○	
이슬				○
나무	○	×		×
잎새		○		×

단서들을 추려서 표에 ○나 ×로 표시해 봐!

1

쌍둥이1은 분홍색을 좋아하므로 분홍색에 ○표를 하고 다른 자리에는 ×표를 합니다.

	분홍색	파란색	빨간색	흰색
C	×			○
쌍둥이1	○	×	×	×
쌍둥이2	×			
쌍둥이3	×			

쌍둥이2와 C는 빨간색을 좋아하지 않습니다.

	분홍색	파란색	빨간색	흰색
C	×		×	○
쌍둥이1	○	×	×	×
쌍둥이2	×		×	
쌍둥이3	×		○	

따라서 빨간색을 좋아하는 사람은 쌍둥이3이고, C와 쌍둥이3은 파란색을 좋아하지 않으므로 파란색을 좋아하는 사람은 쌍둥이2, 그리고 흰색을 좋아하는 사람은 C입니다.

2

나무와 잎새의 혈액형은 AB형이 아니고, 승우의 혈액형은 O형입니다.

	A	B	O	AB
승우	×	×	○	×
이슬			×	
나무			×	×
잎새			×	×

따라서 이슬이의 혈액형은 AB형입니다. 나무의 혈액형은 B형은 아니므로 A형이고 잎새의 혈액형은 B형입니다.

	A	B	O	AB
승우	×	×	○	×
이슬	×	×	×	○
나무	○	×	×	×
잎새	×	○	×	×

STEP 2 문장 추리 (2)

1 사랑, 소원, 수정, 은수는 같은 아파트, 같은 동, 서로 다른 층에 살아요.
다음을 읽고 가장 아래층에 사는 친구부터 차례로 이름을 써 보세요.

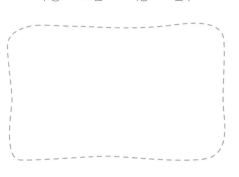
- 사랑이네 집은 소원이와 은수네 집 사이에 있어.
- 소원이네 집에서 계단으로 1층 내려가면 수정이네 집이 있어.
- 은수네 집은 가장 윗층에 있어.

(수정) – (소원) – (사랑) – (은수)

2 사랑, 소원, 수정, 은수는 신체 검사에서 키를 재었어요. 다음을 읽고
키가 큰 사람부터 차례대로 이름을 써 보세요.

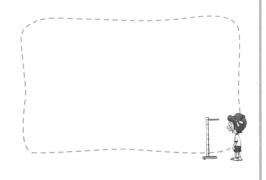
- 은수는 사랑이보다는 크고 수정이보다는 작아.
- 4명 중에 은수보다 키가 작은 사람은 2명이야.
- 키가 가장 작은 사람은 소원이야.

(수정) – (은수) – (사랑) – (소원)

1

은수

소원이네 집에서 계단으로 한 층 내려가면 수
정이네 집이고, 소원이네 집 위에는 사랑이네
집이 있으므로 아래층에 사는 친구부터 차례
로 쓰면
수정 – 소원 – 사랑 – 은수입니다.

2

키가 가장 작은 사람은 소원이고, 은수보다
키가 작은 사람은 2명이므로 은수는 둘째로
큽니다.

□ – 은수 – □ – 소원
은수는 사랑이보다 크고 수정이보다 작으므
로 키가 큰 순서대로 쓰면
수정 – 은수 – 사랑 – 소원입니다.

문장 추리 (2)

3 사랑, 소원, 수정, 은수, 지아는 체육대회에서 달리기를 했어요. 체육 대회가 끝나고 세 사람이 다음과 같이 말했어요. 같이 들어온 사람이 한 명도 없다고 할 때, 빨리 들어온 순서대로 써 보세요.

- 내 바로 앞에 사랑이가 들어갔고, 사랑이 바로 앞에는 소원이가 들어갔어.
- 내가 들어온 다음에 지아가 바로 들어왔어.
- 나보다 늦게 들어온 사람은 둘 있었는데, 은수와 사랑이었어.

(수정) - (지아) - (소원) - (사랑) - (은수)

4 사랑, 소원, 수정, 은수, 지아는 신체 검사에서 몸무게를 재었어요. 신체 검사가 끝나고 세 사람이 다음과 같이 말했어요. 몸무게가 무거운 사람부터 차례대로 써 보세요.

- 소원이는 수정이보다 4kg 더 무거웠어요.
- 지아는 은수보다 2kg 더 가볍지만 소원이보다 3kg 더 무거웠어요.
- 은수는 사랑이보다 1kg 더 무거웠어요.

(은수) - (사랑) - (지아) - (소원) - (수정)

말 한 사람이 서로 다르다는 것에 주의 해야 해!

3

힌트의 '나'를 ①, ②, ③으로 보았을 때 ①, ②, ③의 '나'는 서로 다른 사람이라는 것에 유의해야 합니다. 세 사람이 말한 것을 정리하면 다음 순서로 들어왔습니다.

소원 – 사랑 – ①의 '나'

②의 나 – 지아

③의 나 – 은수, 사랑

여기에서 ③의 '나'는 셋째로 들어온 것이고 은수와 사랑이는 넷째, 또는 다섯째로 들어왔습니다. ①과 ③의 말에서 소원이는 ③의 '나'이고, 은수는 ①의 '나'임을 알 수 있습니다. 따라서 이름이 나오지 않은 수정이가 ②의 '나'가 되고 들어온 순서는 수정, 지아, 소원, 사랑, 은수입니다.

4

몸무게의 크기 비교는 순서 개념이 있으므로 이런 경우에는 수직선을 이용하면 쉽게 파악할 수 있습니다.

서로의 몸무게의 차가 위의 그림과 같으므로 무거운 순서대로 답하면 은수, 사랑, 지아, 소원, 수정입니다.

문장 추리 (3)

1 태한, 연하, 재연, 정훈, 인성은 수영, 축구, 야구, 펜싱, 사격 중 한 가지 종목의 운동선수예요. 각자 어떤 종목의 운동선수인지 맞혀 보세요.

- 태한과 정훈은 공을 이용한 운동을 합니다.
- 물을 싫어하는 인성은 수영을 해 본 적이 없습니다.
- 사격 선수인 연하는 재연이와 친합니다.
- 정훈이는 경기 중에 꼭 모자를 씁니다.

	수영	축구	야구	펜싱	사격
태한	✕	○		✕	✕
연하					○
재연	○				
정훈	✕	✕	○	✕	✕
인성	✕			○	

2 은서, 준수, 시우, 민아, 정주가 학교에 가요. 다음을 읽고 5명이 학교에 빨리 도착한 순서를 써 보세요.

- 은서는 시우보다 5분 늦게 학교에 도착했어요.
- 민아와 정주는 학교 가는 길에 만났지만 민아가 문방구에 들르느라 정주보다 6분 늦게 학교에 도착했어요. 그때는 이미 수업 시작 종이 울리고 나서 3분 지난 뒤였어요.
- 준수는 수업 시작 10분 전에 학교에 와 있었어요.
- 은서가 도착했을 때 수업 시작 종이 막 울렸어요.

(준수) ⇨ (시우) ⇨ (정주) ⇨ (은서) ⇨ (민아)

수업 시작 시간을 기준으로 생각해 봐!

1

태한과 정훈은 공을 이용한 운동을 하므로 축구 또는 야구를 합니다. 인성은 수영을 하지 않고, 연하는 사격을 하므로 수영을 하는 사람은 재연입니다. 정훈이는 축구 또는 야구를 하는데 경기 중에 꼭 모자를 써야 하므로 야구선수임을 알 수 있습니다. 표를 이용하여 다음과 같이 해결해 봅니다.

	수영	축구	야구	펜싱	사격
태한	✕	○		✕	✕
연하					○
재연	○				
정훈	✕	✕	○	✕	✕
인성	✕			○	

2

학교에 도착한 것은 순서 개념이 있으므로 이런 경우에는 수직선을 이용하면 쉽게 파악할 수 있습니다.

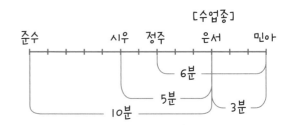

[수업종]

준수   시우 정주   은서   민아
                            ⌐6분⌐
                    ⌐ 5분 ⌐
            ⌐ 10분 ⌐   ⌐3분⌐

시작종이 울린 시각을 기준으로 생각해 보면 서로 학교에 도착한 시각의 차가 위의 그림과 같으므로 일찍 도착한 순서대로 답하면 준수, 시우, 정주, 은서, 민아입니다.